ARBEITSGEMEINSCHAFT FÜR FORSCHUNG
DES LANDES NORDRHEIN-WESTFALEN

NATUR-, INGENIEUR- UND GESELLSCHAFTSWISSENSCHAFTEN

128. SITZUNG
AM 23. OKTOBER 1963
IN DÜSSELDORF

ARBEITSGEMEINSCHAFT FÜR FORSCHUNG
DES LANDES NORDRHEIN-WESTFALEN

NATUR-, INGENIEUR- UND GESELLSCHAFTSWISSENSCHAFTEN

HEFT 152

HEINZ UNGER

Elektronische Datenverarbeitungsanlagen
und Automatentheorie

HERAUSGEGEBEN
IM AUFTRAGE DES MINISTERPRÄSIDENTEN Dr. FRANZ MEYERS
VON STAATSSEKRETÄR PROFESSOR Dr. h. c., Dr. E. h. LEO BRANDT

HEINZ UNGER

Elektronische Datenverarbeitungsanlagen
und Automatentheorie

SPRINGER FACHMEDIEN WIESBADEN GMBH

ISBN 978-3-322-97950-6   ISBN 978-3-322-98517-0 (eBook)
DOI 10.1007/978-3-322-98517-0

© 1965 by Springer Fachmedien Wiesbaden
Ursprünglich erschienen bei Westdeutscher Verlag, Köln und Opladen 1965.

INHALT

Heinz Unger, Bonn

Elektronische Datenverarbeitungsanlagen und Automatentheorie

Einleitung: Automatentheorie als Spezialgebiet der angewandten
   (instrumentellen) Mathematik 7
1. Datenverarbeitung in einer digitalen elektronischen Anlage 8
2. Schaltkreise 15
3. Schaltwerke 19
4. Finite synchrone Netzwerke 26
5. Strukturtheorie sequentieller Automaten von Böhling 28
6. Asynchrone Netzwerke, Theorie von Petri 29

Schluß: Einfluß technologischer und physikalischer Entwicklungen
   und Erkenntnisse auf die Automatentheorie..................... 32

Diskussionsbeiträge

   Professor Dr. rer. nat., Dr. sc. math. h. c. *Heinrich Behnke*;
   Professor Dr. phil. *Guido Hoheisel*; Professor Dr.-Ing. *Heinz Unger*;
   Staatssekretär Professor Dr. h. c., Dr.-Ing. E. h. *Leo Brandt*;
   Professor Dr. rer. nat. *Claus Müller*; Professor Dr.
   Vojislav G. Avakumović; Dr. phil. *Siegfried Filippi* 35

Einleitung

Automatentheorie (theory of automata) ist ein umfangreiches Spezialgebiet der instrumentellen Mathematik, die als ein Teilgebiet der angewandten Mathematik anzusehen ist. Es ist ein sehr junges und rasch gewachsenes Gebiet, das in kaum zu übertreffender Weise die Rolle der angewandten Mathematik widerspiegelt.

Ziel der Automatentheorie ist die abstrakte Behandlung digitaler Informationsverarbeitung mit mathematischen Methoden zum Nutzen des Entwurfs und der Konstruktion elektronischer Anlagen sowie deren Verwendung. Gleichzeitig soll ein Einblick in die Struktur der zu verarbeitenden Probleme gewonnen und das Problem der Informationsverarbeitung allgemein studiert werden.

Um zu einer mathematischen Behandlung zu gelangen, muß zunächst der meist sehr schwierige Schritt der Modellbildung vollzogen werden. Es müssen also die Axiome herausgestellt werden, die dann – losgelöst von den ursprünglichen Fragestellungen – mittels mathematischer Methoden und Theorien zu Erkenntnissen führen, deren praktische Interpretierung das letzte Glied in der Kette des wissenschaftlichen Arbeitens im Rahmen der angewandten Mathematik darstellt. Gerade die kritische Betrachtung der abstrakten Ergebnisse darf nicht unterbleiben, soll es sich um eine wirklichkeitsnahe Forschung handeln.

Selbstverständlich ergeben sich auch sehr interessante Fragestellungen, deren Lösungen zur Zeit vom rein mathematischen Standpunkt aus einen hohen Erkenntniswert besitzen. Hierauf soll nicht eingegangen, jedoch hinzugefügt werden, daß manche so gewonnenen Ergebnisse oft später von großem allgemeinen Wert sein können.

Auf dem Gebiet der Automatentheorie liegt eine ständige Wechselwirkung zwischen Theorie und Praxis vor. Neue Anregungen und Fragestellungen aus der Praxis zwingen den Mathematiker zu neuen Überlegungen. Neue Erkenntnisse aus mathematischen Theorien weisen neue Wege im logischen Entwurf und Aufbau von Automaten. Der Mathematiker ist entscheidend beteiligt an der Konstruktion einer Anlage, ja er bestimmt das gesamte Konzept.

Um einen Einblick in die Aufgaben der Automatentheorie und deren Bearbeitung zu erhalten, dürfte es zweckmäßig sein, die Datenverarbeitung in einer bestimmten konkreten Maschine zu studieren und dann zu abstrakten Modellbildungen überzugehen.

1. *Datenverarbeitung in einer digitalen elektronischen Anlage*

Um zu einer geeigneten Analysierung der Datenverarbeitung zu gelangen, betrachten wir den Datenfluß in einem bestimmten System, nämlich in einer IBM 1410/7090 Anlage. Aus der Prinzipskizze Abbildung 1 entnimmt man, daß eine derartige Anlage aus mehreren Einheiten besteht: Ein- und Ausgabeeinheiten, arithmetische Einheiten, Speichereinheiten. Die einzelnen Einheiten sind durch Kanäle verbunden, die Informationen übertragen. Grundsätzlich liegen binäre Kanäle und binäre Speicherelemente vor. Magnetbänder werden wahlweise als Ein- und Ausgabe-Medien oder als Speicher betrachtet.

Die einzelnen Einheiten der Anlage arbeiten synchron. Später werden wir uns noch kurz mit asynchron arbeitenden Einheiten auseinandersetzen. Zur Vereinfachung soll die Tatsache übergangen werden, daß nicht die gesamte Anlage synchron arbeitet.

Zu bestimmten Zeitpunkten t_i mit $t_i \in \Lambda^t = \{t_1, t_2, \ldots\}$ und $t_1 < t_2 < \ldots$ (z. B. $t_{i+1} = t_1 + i \cdot h$ mit h Taktzeit z. B. 2,18 µs) werden Eingangssignale x_i aus dem Alphabet $\Sigma^x = \{0, 1, 2, \ldots, 9, A, B, \ldots, \#\}$ aufgenommen. Diese Signale werden verschlüsselt auf p binären Eingangskanälen zur Informationsverarbeitung eingegeben. $x_i = (x_{i1}, x_{i2}, \ldots, x_{ip})$ mit $x_{i1} \in \Sigma_2 = \{0,1\}$, d. h. die x_{i1} sind Boolesche Variable, die nur den Wert 1 oder 0 annehmen.

Die Codierung der Eingangssignale besteht in der eindeutigen Zuordnung der x_i zu einem p-Tupel mit den Komponenten 0 oder 1.

Wenn m die Anzahl der Elemente in Σ^x ist, so muß sein: $m \leq 2^p$.

Die Datenverarbeitungsanlagen werden oft und mit Recht als Informationswandler bezeichnet. Denn die gesuchte Information „das Resultat" ist in impliziter Form in den Eingabedaten enthalten. Zum Beispiel muß im Falle der Behandlung eines linearen Gleichungssystems eine Wandlung der Eingangsdaten so vorgenommen werden, daß der gesuchte Lösungsvektor (Systemdeterminante wird $\neq 0$ vorausgesetzt) erhalten wird.

Elektronische Datenverarbeitungsanlagen und Automatentheorie 9

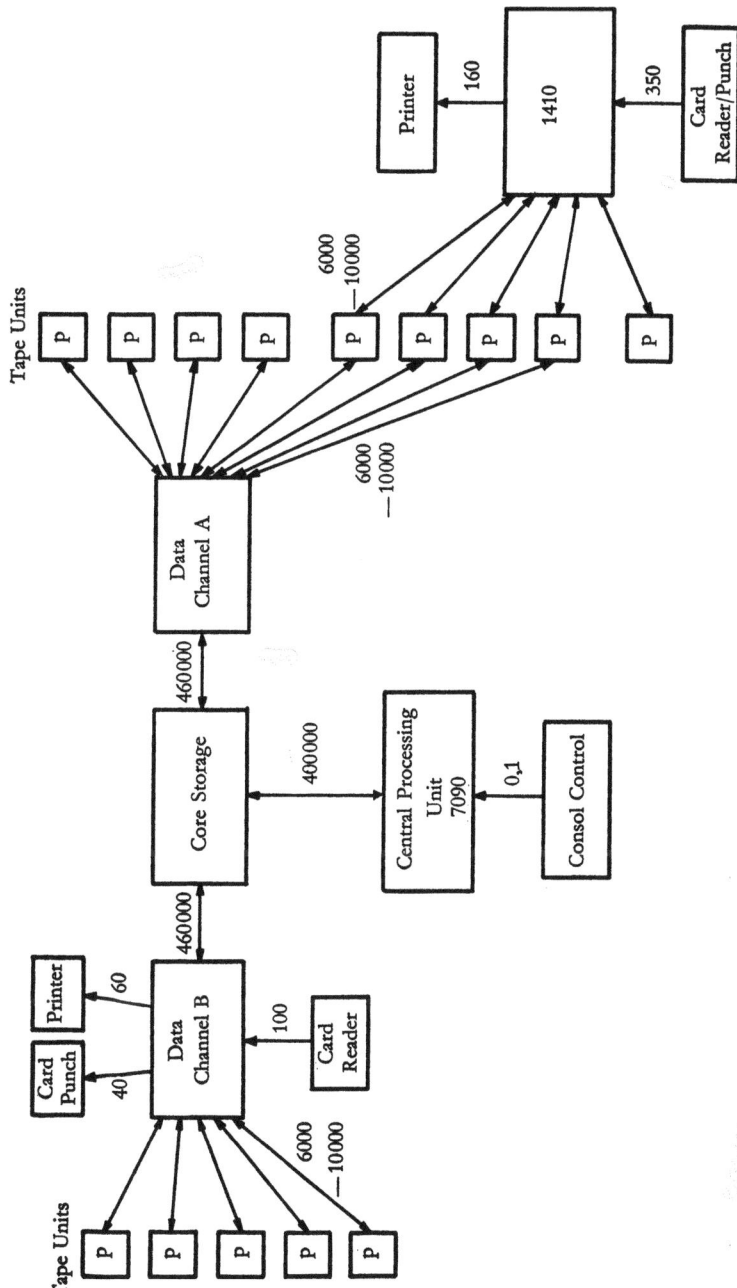

Abb.: 1: Prinzipskizze IBM 7090 „mit off-Line" IBM 1410 und Datenfluß in Worten pro Sekunde

Auf der Ausgabeseite findet wiederum zu den durch das Zeitalphabet festgelegten Zeitpunkten die Decodierung statt. Den Ausgabesignalen y_i ist eindeutig ein q-Tupel $(y_{11}, \ldots, y_{1q})$ mit $y_{11} \in \Sigma_2$ zugeordnet. $y_i \in \Sigma^y$; Σ^y ist meist eine Teilmenge von Σ^x, manchmal stimmen Σ^x und Σ^y überein.

In Abbildung 2 ist ein digitales System als Oberbegriff der hier zur Diskussion stehenden Datenverarbeitungsanlagen skizziert mit p-Eingangs- und q-Ausgangskanälen.

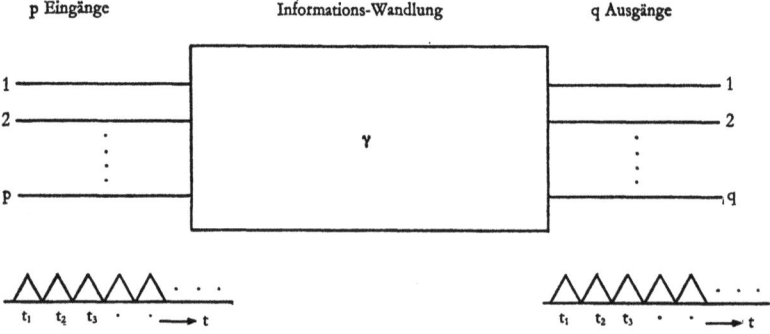

Abb. 2: Digitales System

Betrachtet man eine bestimmte Eingangsfolge

$$t_1 \ldots, t_3 t_2 t_1$$
$$x_1 \ldots, x_3 x_2 x_1$$

z. B. das in Abbildung 3 dargestellte *FORTRAN*-Programm zur Lösung der quadratischen Gleichung $AX^2 + BX + C = 0$, so soll diese auf eine bestimmte Ausgangsfolge, in unserem Beispiel auf

$$X1 = -1{,}000, \quad X2 = -4{,}000$$

„abgebildet" werden (die x_i sind aus dem Alphabet Σ^x). $\Gamma^x = \{\mathfrak{x}_1, \mathfrak{x}_2, \ldots,\}$ sei die finite Menge aller Eingangsfolgen endlicher Länge, entsprechend $\Gamma^y = \{\mathfrak{y}_1, \mathfrak{y}_2, \ldots,\}$ diejenige der Ausgangsfolgen.

Bei synchronen Automaten wird eine vorgegebene Eingangsfolge $\mathfrak{x}_1$ auf eine bestimmte Ausgangsfolge $\mathfrak{y}_1$ abgebildet: $\Gamma^x \to \Gamma^y$.

Da bei wiederholter Eingabe der gleichen Folge und bei gleichem Anfangszustand des Gesamtsystems immer die gleiche Ausgangsfolge erzeugt werden muß, handelt es sich um eine Abbildung im präzisen Sinne, das Bild $\mathfrak{y}_1$ ist eindeutig bestimmt durch das gegebene Urbild $\mathfrak{x}_1$.

```
10   READ INPUT TAPE 5, 20, A, B, C
20   FORMAT (3 F10.4)
30   WRITE OUTPUT TAPE 6, 40
40   FORMAT (49H1 DIE QUADRATISCHE GLEICHUNG MIT DEN KOEF-
     FIZIENTEN //)
50   WRITE OUTPUT TAPE 6, 60, A, B, C
60   FORMAT (1H , 20X, 4HA = , F10.4/21X, 4HB = , F10.4/21X, 4HC = ,
     F10.4)
70   IF (B**2–4. O*A*C) 80, 110, 110
80   WRITE OUTPUT TAPE 6, 90
90   FORMAT (28H0 HAT KEINE RELLEN LÖSUNGEN)
100  CALL EXIT
110  X 11 = — B/(2.0*A) + SQRTF (B**2-4.0*A*C)/(2.0*A)
120  X 12 = — B/(2.0*A) — SQRTF (B**2-4.0*A*C)/(2.0*A)
130  WRITE OUTPUT TAPE 6, 140
140  FORMAT (18H0 HAT DIE LÖSUNGEN)
150  WRITE OUTPUT TAPE 6, 160, X11, X12
160  FORMAT (1H , 19X, 6HX1 = , F9.4, 6X, 6HX2 = , F9.4)
170  CALL EXIT
180  END
```

DIE QUADRATISCHE GLEICHUNG MIT DEN KOEFFIZIENTEN

$$A = 1.0000$$
$$B = 5.0000$$
$$C = 4.0000$$

HAT DIE LÖSUNG

$$X1 = -1.0000 \qquad X2 = -4.0000$$

Abb. 3: Quadratische Gleichung

Unter diesem Gesichtspunkt werden aber nur deterministische Automaten, deren Verhalten von vornherein bis in alle Einzelheiten festgelegt ist, erfaßt. Dies bedeutet eine wesentliche Einschränkung, wie sich z. B. aus dem Studium der lernenden Automaten ergibt. In Abschnitt 5 soll noch darauf zurückgekommen werden.

In Abbildung 4 ist die Verschlüsselung der 63 Zeichen des Eingangsalphabets Σ^x auf einer Lochkarte zu ersehen. Von jeder Spalte der Karte führen 12 Kanäle (p = 12) ab. Für eine binäre Verschlüsselung werden mindestens 6 Kanäle ($2^6 = 64$) benötigt.

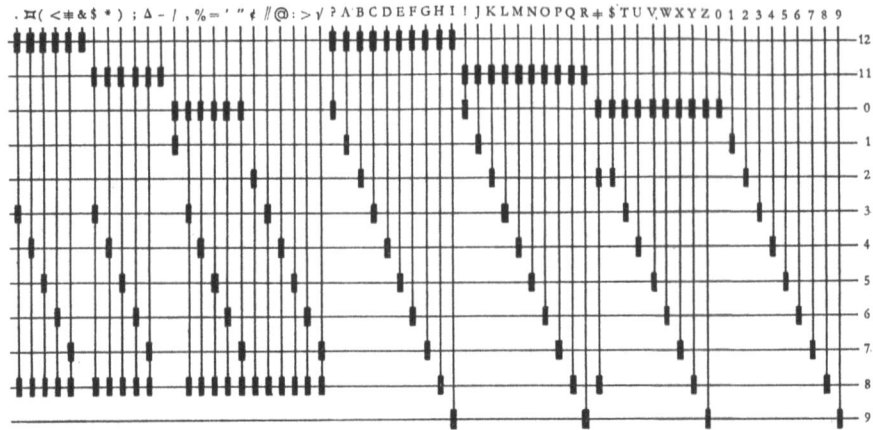

Abb. 4: Lochkarten-Code

Nimmt man z. B. ein Magnetband als Ausgabemedium und will pro Zeile eines der 63 Zeichen aus $\Sigma^y = \Sigma^x$ binär darstellen, so benötigt man also mindestens 6 Kanäle. In Abbildung 5 ist die Verschlüsselung im binary-coded-decimal-Code mit 7 Kanälen ($q = 7$) gezeigt. Der 7. Kanal wird als Kontrollkanal benutzt und enthält das parity-bit so, daß für jedes Zeichen $y_i \in \Sigma^y$ eine ungerade Anzahl von Bits vorliegt. Hier wird das Spezialgebiet der Automatentheorie „Fehlererkennende und Fehlerkorrigierende Codes" benutzt, das auf Seite 17 etwas ausführlicher behandelt wird.

In einer digitalen Anlage werden die eingegebenen und die umgewandelten Informationen in binären Speicherelementen gespeichert. Mehrere Speicherelemente bilden eine Zelle. Den Inhalt bezeichnet man als Wort, z. B. IBM 7090: 36 Bits bilden ein Wort. Zu jedem $t_i \in \Lambda^t$ ist der gesamte Zustand der Maschine eindeutig angebbar – es müssen alle Speicherzellen, Pufferspeicher usw. zusammen betrachtet werden –; die Übertragungen auf den Kanälen und die zum Zeitpunkt t_{i-1} eingeleiteten Operationen sind beendet. Das „Arbeiten" der Anlage besteht also darin, daß in Abhängigkeit von eingegebenen Daten ein Übergang von einem Zustand in den anderen herbeigeführt wird. Dabei können zu den Taktzeiten auch Informationen nach außen abgegeben werden.

Zieht man nunmehr wieder die Skizze in Abbildung 2 heran, so kann man für ein digitales System eine weitgehende Abstrahierung vornehmen. Es handelt sich um ein System, das endlich vieler Zustände fähig ist, die für alle $t_i \in \Lambda^t$ festliegen. Auf Grund einer bestimmten (abstrakten) Eingangs-

		1	2	3	4	5	6	7	8	9	0	#	@	:	>	√	¢	/	S	T	U	V	W	X
C	C			C		C	C			C	C		C			C		C	C		C			C
B																								
A																	A	A	A	A	A	A	A	A
8									8	8	8	8	8	8	8	8								
4					4	4	4	4					4	4	4	4					4	4	4	4
2			2	2			2	2			2	2			2	2			2	2			2	2
1		1		1		1		1		1		1		1		1		1		1		1		1

	Y	Z	‡	,	%	=	'	"	-	J	K	L	M	N	O	P	Q	R	!	$	*	)
C	C			C		C	C			C	C		C			C	C			C		C
B									B	B	B	B	B	B	B	B	B	B	B	B	B	B
A	A	A	A	A	A	A	A	A														
8	8	8	8	8	8	8	8	8									8	8	8	8	8	8
4					4	4	4	4					4	4	4	4					4	4
2			2	2			2	2			2	2			2	2			2	2		
1		1		1		1		1		1		1		1		1		1		1		1

	;	Δ	&	A	B	C	D	E	F	G	H	I	?		⌑	(	<	‡	
C	C		C			C		C	C			C	C		C			C	C
B	B	B	B	B	B	B	B	B	B	B	B	B	B	B	B	B	B	B	B
A			A	A	A	A	A	A	A	A	A	A	A	A	A	A	A	A	A
8	8	8									8	8	8	8	8	8	8	8	8
4	4	4					4	4	4	4					4	4	4	4	4
2	2	2			2	2			2	2			2	2			2	2	2
1		1		1		1		1		1		1		1		1		1	1

Abb. 5: BCD-Code

folge durchläuft dieses System – ausgehend von einem Anfangszustand – eine Zustandskette und liefert eine gewisse (abstrakte) Ausgangsfolge.

Es erweist sich als zweckmäßig, zwei Strukturen, nämlich Schaltkreise und Schaltwerke, als spezielle Systeme herauszustellen. Diese sollen im folgenden ausführlicher behandelt werden unter einer präziseren Festlegung der Grundlagen.

Danach werden dann die Axiome herausgestellt, die zur Festlegung der finiten synchronen Netzwerke führen.

Die Abstrahierung ist weitgehend von den heute auf dem Markt befindlichen Anlagen ausgegangen, wie hier skizziert wurde. Dabei wird schon an einer sehr frühen Stelle durch die Einführung der Taktzeiten eine Einschränkung vorgenommen, die sehr weitgehende Folgen hat. Eine zweite Einschränkung, die Determiniertheit, war bereits herausgestellt worden und soll in Abschnitt 5 „Strukturtheorie sequentieller Automaten von Böhling" aufgehoben werden. Die asynchronen Netzwerke sollen in dem letzten Abschnitt skizziert werden mit der Absicht, auf diese sehr in der Entwicklung stehende Disziplin hinzuweisen. Beim Zusammenschalten von kleineren Einheiten zu einer Anlage oder beim Zusammenschalten mehrerer Anlagen muß man sich schon heute der asynchronen Technik bedienen. Die eigentliche Strukturtheorie geht dabei jedoch noch weiter, indem auch jedes einzelne Bauteil asynchron arbeitet.

Entscheidend erscheint bei diesen Untersuchungen auch, daß eine Analysierung der zu bearbeitenden Probleme und der Informationsverarbeitung zu einer asynchronen Auffassung führt. Schließlich spielen in alle diese Fragen die technischen Realisierungsmöglichkeiten herein, die gerade in neuerer Zeit wieder eine entscheidende Rolle spielen. Hierauf soll im Schluß noch eingegangen werden.

Man muß sich darüber im klaren sein, daß alle realisierten Automaten eine Verwirklichung der von Neumannschen Ideen darstellen und eigentlich von dem Konzept an keiner wesentlichen Stelle abweichen. Dagegen sind gegenüber den ersten Anfängen wesentliche Fortschritte auf dem Gebiet der Bauelemente, der Zuverlässigkeit, der Kapazität einer Anlage usw. erzielt worden. Das grundlegende Konzept wurde immer weiter ausgebaut und verfeinert.

Eine grundsätzliche Abkehr vom von Neumann-Computer dürfte erst einerseits die nichtdeterministische Maschine, andererseits die streng asynchrone Theorie bringen.

2. Schaltkreise
(combinatorial switching circuits)

Wie schon aus den Abbildungen 4 und 5 hervorgeht, müssen innerhalb einer Datenverarbeitungsanlage Codeumwandlungen vorgenommen werden, eine Aufgabe, die am klarsten die Funktion eines Schaltkreises demonstriert. Dieses Problem wird auch im Rahmen der Informationstheorie „Codierung der Signale, die nur eine endliche Zahl diskreter Werte annehmen können" behandelt.

Bei einem Schaltkreis handelt es sich um eine Abbildung von Σ^x in Σ^y. Die Schaltzeiten, an denen die Abbildung durchgeführt wird, sind durch den Taktgeber gegeben. An diesen Zeitpunkten $t_i \in \Lambda^t$ werden die von der Zeit unabhängigen Schaltfunktionen

(2,1) $\quad y_j = f(x_i) \quad i = 1, 2, \ldots, 2^p; \quad j = 1, 2, \ldots, 2^q$

ausgeführt. Durch die Abbildungsfunktion f ist der Schaltkreis eindeutig festgelegt.

Als Beispiel betrachten wir die Umwandlung der 8–4–2–1-Verschlüsselung der Dezimalziffern in den biquinären Code. Aus Abbildung 6 ist die Abbildungsfunktion dieses Schaltkreises zu ersehen, der vier Eingänge x_{il} mit $l = 1, \ldots, 4$ und 7 Ausgänge y_{il} mit $l = 1, \ldots, 7$ aufweist.

Die Funktionen von Schaltkreisen werden zweckmäßig mittels einer Booleschen Algebra beschrieben. Ausgangspunkt für diese Algebra über der finiten Menge der Eingänge bietet entweder die Verbandstheorie oder eine Ringstruktur. Bei letzterer gelangt man durch Einführung eines

	8	4	2	1	b_0	b_5	q_0	q_1	q_2	q_3	q_4
0	8		2		b_0		q_0				
1				1	b_0			q_1			
2			2		b_0				q_2		
3			2	1	b_0					q_3	
4		4			b_0						q_4
5		4		1		b_5	q_0				
6		4	2			b_5		q_1			
7		4	2	1		b_5			q_2		
8	8					b_5				q_3	
9	8			1		b_5					q_4

Abb. 6: Dezimal-Verschlüsselung 8–4–2–1 biquinär

Idempotenzgesetzes zu einem Booleschen Ring, der im vorliegenden Falle – d. h. bei einer endlichen Anzahl von Elementen – ein eindeutig bestimmtes Einselement besitzt. Hinzuzunehmen ist dann noch die Komplementbildung.

Wegen der einfachen Realisierung mittels Dioden und Transistoren werden Schaltkreise zur Zeit fast ausschließlich mit dem „Und" –, dem „Oder" Operator und der Negation beschrieben. Es liegt dabei ein übervollständiges System vor. Bei Verwendung des „Sheffer" Operators bzw. des „Peirce" Operators kann mit *einem* Operator eine völlige Beschreibung aller Vorgänge vorgenommen werden. Bei der Realisierung von Normalsystemen wird jedoch dann i. a. die Schaltkreisstruktur zu kompliziert.

Wertetafeln zur Festlegung der verschiedenen Operatoren:

(2,2)

	0	1
0	0	0
1	0	1

	0	1
0	0	1
1	1	1

	0	1
	1	0

„Und", „∧"   „Oder", „∨"   „Negation", „⌐"

	0	1
0	1	0
1	0	0

	0	1
0	1	1
1	1	0

„Peirce", „↓"   „Sheffer", „/"

Zur Synthese von Schaltkreisen und zur Beschreibung der Schaltfunktionen wird im allgemeinen von der kanonischen disjunktiven Form ausgegangen, die als Disjunktion von Vollkonjunktionen gebildet wird. (Jede Aussage kann durch genau eine kanonische disjunktive Form gebildet werden.)
Beispiel in Abbildung 7:

(2.3) $\quad b_0 = y_{11} = x_{14}\bar{x}_{13}x_{12}\bar{x}_{11} \vee \bar{x}_{14}\bar{x}_{13}\bar{x}_{12}x_{11}$

$\vee \bar{x}_{14}\bar{x}_{13}x_{12}x_{11} \vee \bar{x}_{14}\bar{x}_{13}x_{12}x_{11} \vee \bar{x}_{14}x_{13}\bar{x}_{12}\bar{x}_{11}.$

Diese Form kann man vereinfachen zu einer disjunktiven Normalform. (Jede Aussage kann durch mindestens eine disjunktive Normalform angegeben werden.)

Entsprechend können die Booleschen Gleichungen für b_5, q_0, q_1, q_2, q_3 und q_4 angegeben und vereinfacht werden, z. B. erhält man für q_4 die einfache Beziehung:

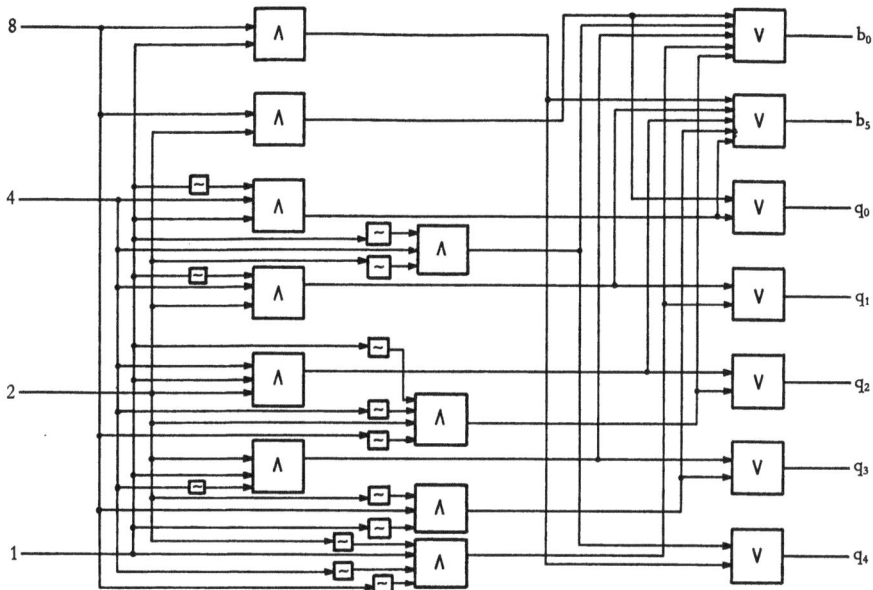

Abb. 7: Schaltkreis — Code-Umwandlung 8-4-2-1 → biquinär

(2.4) $\qquad q_4 = y_{17} = x_{11} x_{14} \lor \bar{x}_{11} \bar{x}_{12} x_{13}$

Abbildung 8 zeigt die Realisierung des Schaltkreises mittels 10 „Und" und 7 „Oder" Schaltungen mit insgesamt 50 Dioden. Würde man einfach die Formen (2.3) realisieren, so würde man wesentlich mehr Elemente benötigen.

Bei dem betrachteten Beispiel und bei der direkten Realisierung disjunktiver Normalformen handelt es sich um zweistufige Schaltkreise: 1. Stufe: Bildung der Konjunktionen, 2. Stufe: Bildung der Disjunktionen. Die wesentlichen Minimisierungsmethoden behandeln nur diese zweistufige Theorie. Kreise mit höherer Stufenzahl sind schwieriger physikalisch zu realisieren.

Die mathematischen Methoden zur Behandlung von Schaltkreisproblemen sind vor allem in den letzten zehn Jahren entwickelt worden, aufbauend auf zahlreichen älteren Arbeiten über Boolesche Algebren. Auf diesem Gebiet ist heute keineswegs ein befriedigender Abschluß erzielt.

Verwendet man den biquinären Code zur Verschlüsselung von Dezimalziffern, so arbeitet man – bei Benutzung von 7 binären Kanälen – mit erheblicher Redundanz. Dadurch kann aber eine Fehlererkennung vorgenom-

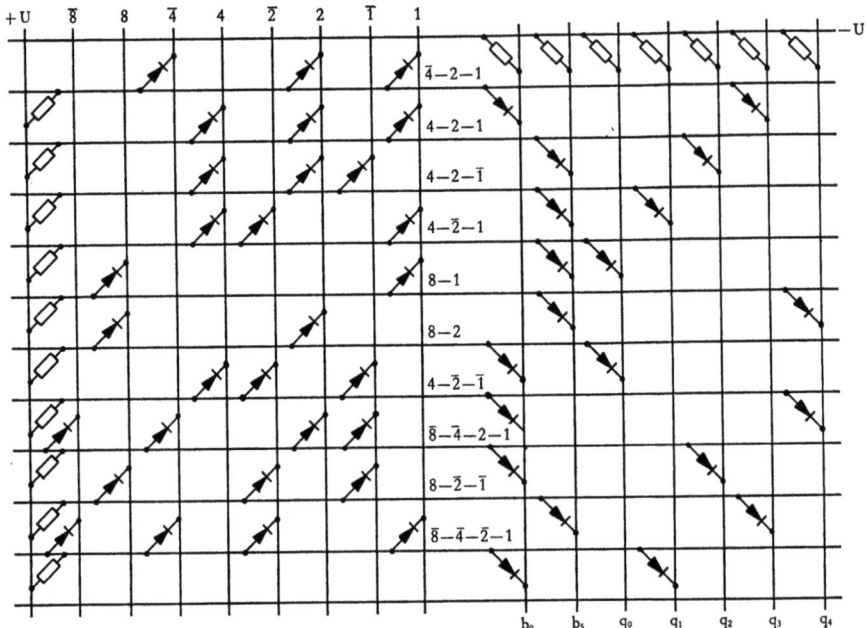

Abb. 8: Diodenmatrix — Code-Umwandlung 8-4-2-1 → biquinär

men werden. Denn es muß entweder auf b_0 oder auf b_1 (autem-autem) ein Impuls vorliegen, ebenso auf genau einem der Kanäle $q_0, q_1, \ldots, q_4$. Einfache Prüfschaltungen (Schaltkreise) liefern dann eine Fehleranzeige. Ein weiterer Schritt in der Ausnützung von Redundanz sind fehlerkorrigierende Codes (auch störungsgeschützte C.). Bei einer Fehlererkennung ersetzt man die falsche Nachricht durch eine sich möglichst wenig von dieser unterscheidenden richtigen Information. Um dabei ein geeignetes Maß zur Verfügung zu haben, führt man die Hamming-Distanz d ein.

$$x^{(1)} = (x_1^{(1)}, \ldots, x_p^{(1)}); \quad x^{(2)} = (x_1^{(2)}, \ldots, x_p^{(2)}) \text{ mit } x_i^{(i)} = 0,1;$$
$$x^{(1)} \oplus x^{(2)} = (x_1^{(1)} \oplus x_1^{(2)}, \ldots, x_p^{(1)} \oplus x_p^{(2)})$$

$\oplus$ Addition modulo 2.

Hamming-Distanz $d(x^{(1)}, x^{(2)}) = \sum\limits_{l=1}^{p} (x_l^{(1)} \oplus x_l^{(2)})$

(Anzahl der Komponenten, die in $x^{(1)}$ und $x^{(2)}$ nicht übereinstimmen.) Schaltkreise benötigen keine Speicherelemente.

3. Schaltwerke
(sequential switching circuits)

Bei Schaltwerken handelt es sich um eine Abbildung der Menge der Eingangsfolgen Γ^x in die Menge der Ausgangsfolgen Γ^y. Ein Element $x \in \Gamma^x$ muß dann zeitlich geordnet zu den entsprechenden Taktzeiten eingegeben werden. Zur Realisierung einer derartigen Aufgabe muß man in einem Schaltwerk Speicherungen von Informationen vornehmen können, die durch die Menge $S = \{s_m\}$, die finite Menge der inneren Zustände, erfaßt werden.

Aus der Klasse der Schaltwerke werden hier die rekursiven Schaltwerke betrachtet, die durch zwei Abbildungen g und f der folgenden Art eindeutig festgelegt sind:

(3.1) $\qquad s' = g(s_m, x_l) \qquad s'$ nächstfolgender Zustand

(3.2) $\qquad y_j = f(s_m, x_l)$

Der Zustand zur Zeit t_{k+1} und die Ausgangskombination sind eindeutig durch den Zustand und die Eingangskombination zur Zeit t_k gegeben. Festlegung der Abbildungen g und f durch Wertetabellen:

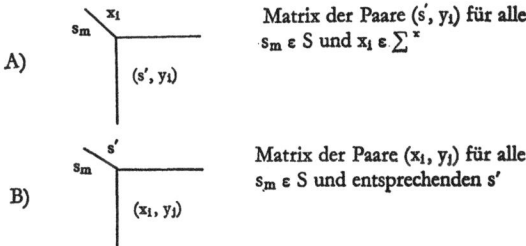

A) Matrix der Paare (s', y_j) für alle $s_m \in S$ und $x_l \in \sum^x$

B) Matrix der Paare (x_l, y_j) für alle $s_m \in S$ und entsprechenden s'

Die Abbildungen g und f können auch von den t_k abhängig sein (Zeitabhängigkeit), d.h. es müssen für die verschiedenen Zeitpunkte die dazugehörigen Matrixelemente angegeben werden.

Zur Veranschaulichung der Übergangs-Matrix (Fall B) bedient man sich unter Anwendung der Erkenntnisse der Graphentheorie des Huffman-Moore-Zustands-Diagramms (Zustands-Ausgabe-Graph.).

Die Heranziehung der Graphentheorie soll an der schon in Abbildung 6 skizzierten Code-Umwandlung 8-4-2-1 → biquinär erläutert werden unter der Annahme, daß die Information auf einem binären Kanal sequentiell einläuft. Beginnend mit t_1 läuft also die erste Duale (2^0) bei t_1, die letzte (2^3)

20   Heinz Unger

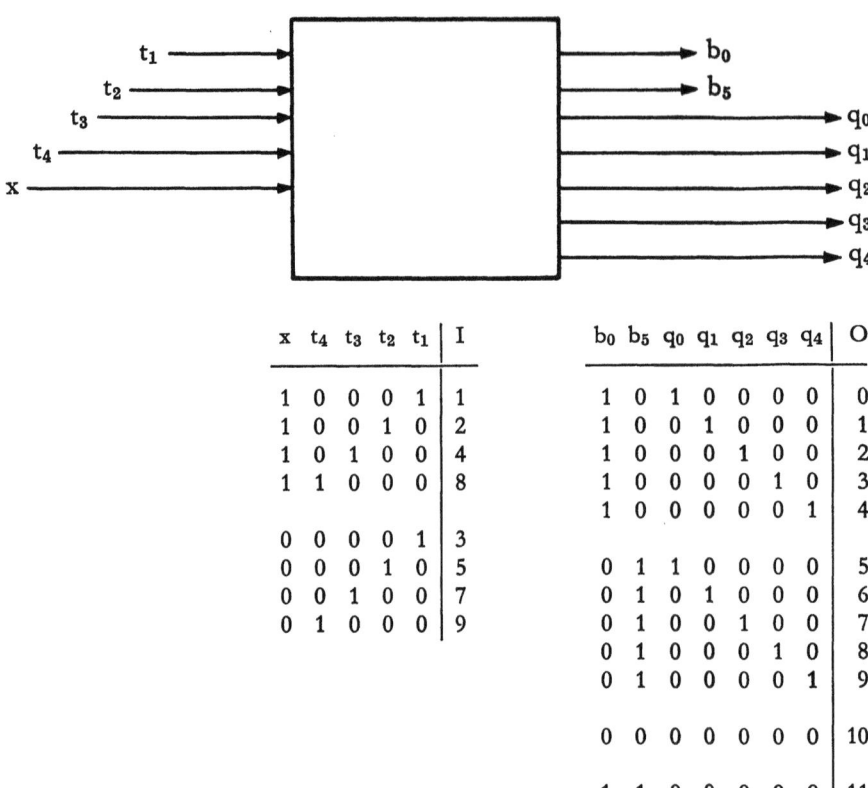

Abb. 9: Code-Umsetzer

bei t_4 ein. Bei t_4 soll die biquinär verschlüsselte Dezimalziffer ausgegeben werden. Schließlich soll eine Fehleranzeige (durch je einen Impuls auf Kanal b_0 und b_1) erfolgen, wenn eine nicht zugelassene Tetrade der Ziffern 10 bis 15 auftritt.

In Abbildung 9 sind die Angaben der Codeumsetzung festgelegt, die zur Aufstellung des Zustandsgraphen Abbildung 10 notwendig sind.

Ausgehend von einem Zustand ① kann man zwei Wege beschreiben, je nachdem ob $x = 1$ oder $x = 0$ als Eingabe-Signal zum Zeitpunkt t_1 vorliegt. Zum Zeitpunkt t_2 hat man insgesamt vier Möglichkeiten: nämlich von ①' ausgehend mit $x = 1$ oder $x = 0$ oder von ①'' ausgehend mit $x = 1$ oder $x = 0$.

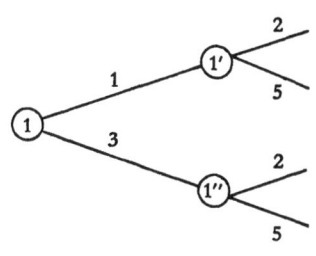

Da man die Zeitpunkte t_1, t_2, t_3 und t_4 zu berücksichtigen hat, benötigt man zunächst $1 + 2 + 4 + 8 = 15$ Zustände. In Abbildung 10 ist der Zustandsgraph (der Ordnung 15) mit 15 Knoten angegeben. Die Knoten sind durch gerichtete und gewichtete Zweige verbunden. Die Zahlenpaare (α_i, β_j) der Zweige ergeben sich durch $\alpha_i \in I$ und $\beta_j \in O$ gemäß den Bezeichnungen in Abbildung 9, z. B.:

$$① \xrightarrow{(3,10)} ②$$

Zum Zeitpunkt t_1 wird $x = 0$ eingegeben, keine Ausgabe.

Beispiel:

Signal: Dezimale 4 (0100): Folge $\begin{matrix} t_4 t_3 t_2 t_1 \\ 9\ 4\ 5\ 3 \end{matrix}$.

$$① \xrightarrow{(3,10)} ② \xrightarrow{(5,10)} ③ \xrightarrow{(4,10)} ⑧ \xrightarrow{(9,4)} ①$$

Ausgabe: $t_1 : 10$; $t_2 : 10$; $t_3 = 10$; $t_4 = 4$.

Zur Realisierung müssen 15 verschiedene Zustände, also 4 binäre Speicherstellen, zur Verfügung stehen ($2^4 = 16$). Es ist eine Frage von fundamentaler Wichtigkeit, ob das so gefundene Schaltwerk (Graph) sich reduzieren läßt, d. h., ob es einen Graphen mit weniger Knoten gibt, der diese Aufgabe zu realisieren vermag.

In der Tat sind eine große Anzahl von Verfahren entwickelt worden, die sich allgemein mit der Minimisierung bzw. Optimisierung von Schaltwerken befassen.

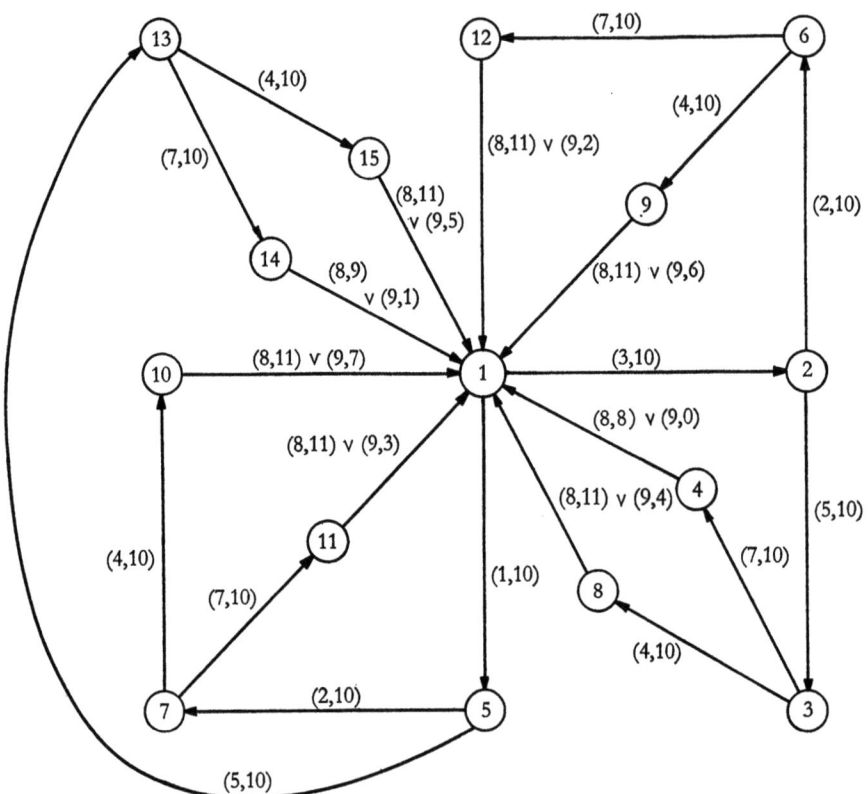

Abb. 10: Teil-Zustands-Diagramm

I\S	1	2	4	8	3	5	7	9
1	2,10	3,10	4,10	1,8	1,10	1,10	1,10	1,0
2	–	4,10	2,10	1,11	–	2,10	3,10	1,5
3	–	–	5,10	1,9	–	–	8,10	1,1
4	–	–	6,10	1,11	–	–	7,10	1,4
5	–	–	–	1,11	–	–	–	1,6
6	–	–	–	1,11	–	–	–	1,7
7	–	–	–	1,11	–	–	–	1,3
8	–	–	–	1,11	–	–	–	1,2

Abb. 11

Das vorliegende Problem läßt sich – in Abbildung 11 ist die Systemtafel [Matrix der Paare (s', y_j) also nach A), S. 19] gezeigt – auf 8 Zustände reduzieren, so daß nur 3 binäre Speicherstellen benötigt werden.

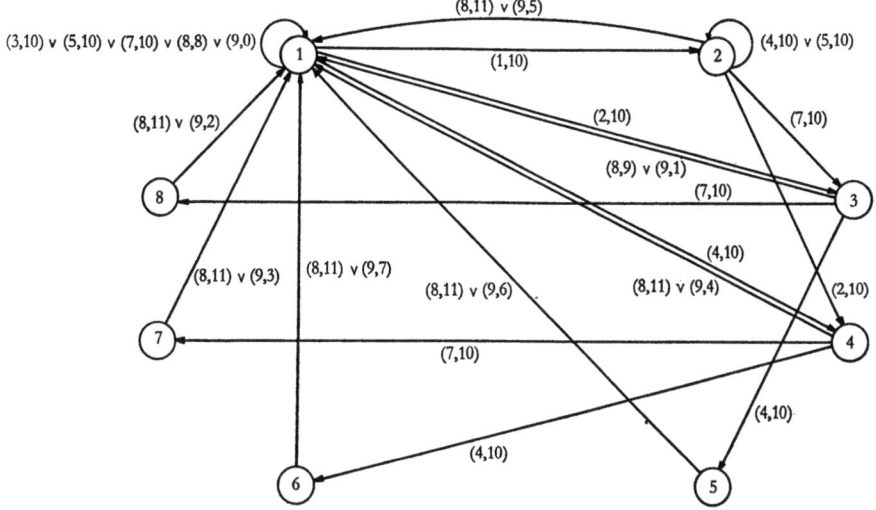

Abb. 12: Reduziertes Zustands-Diagramm

Abbildung 12 zeigt den reduzierten Zustandsgraph, der auf die oben aufgeführte Eingabe wie folgt reagiert:

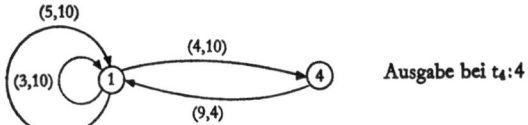

Auch im Falle der reduzierten Schaltwerke lassen sich die Beziehungen zwischen den Ausgangs- und Eingangsvariablen mittels Boolescher Gleichungen angeben.

$z'_1 = z_2 t_3$

$z'_2 = x t_2 \vee [\bar{x}(z_2 \vee z_3) \vee x z_2 \bar{z}_3] t_3$

$z'_3 = x t_1 \vee z_3 t_2 \vee (x \bar{z}_2 \vee z_2 \bar{z}_3) t_3$

$b_0 = [\bar{x}(z_2 \vee \bar{z}_1 \bar{z}_3) \vee x(z_1 \vee z_3)] t_4 = (\bar{x} \vee z_1 \vee z_3)(x \vee z_2 \vee \bar{z}_1 \bar{z}_3) t_4$

$b_5 = [x \vee (z_1 \vee z_3) \bar{z}_2] t_4$

$q_0 = \bar{x} \bar{z}_1 \bar{z}_2 t_4$

$q_1 = \bar{x}(\bar{z}_1 z_2 z_3 \vee z_1 \bar{z}_2 z_3) t_4$

$q_2 = \bar{x} z_1 (z_2 z_3 \vee \bar{z}_2 \bar{z}_3) t_4$

$q_3 = \bar{z}_3 (\bar{x} z_1 z_2 \vee x \bar{z}_1 \bar{z}_2) t_4$

$q_4 = \bar{z}_1 z_2 (\bar{x} z_3 \vee x \bar{z}_3) t_4$

Abb. 13

Beispiel: $q_0 = \bar{x} \bar{z}_1 \bar{z}_2 t_4$
für Dezimale „5" wird $q_0 = 1$, da $\bar{x} = 1$, $\bar{z}_1 = 1$, $\bar{z}_2 = 1$ und $t_4 = 1$.

In Abbildung 14 ist die Realisierung des Schaltwerkes mit drei Flip-Flop-Speicherelementen sowie mit den aus den Gleichungen in Abbildung 13 zu entnehmenden „Und"- und „Oder"-Schaltungen schematisch realisiert.

Führt man noch die Menge S_0 aller möglichen Anfangszustände ein, dann kann man ein rekursives Schaltwerk durch das System

$$\mathfrak{S} = [S, S_0, g, f]$$

charakterisieren. Dabei sind g und f speziell durch (3.1) und (3.2) festgelegt. Verallgemeinerungen bezüglich g und f führen dann zu weiteren Klassen von synchronen Schaltwerken.

Die Synthese von Schaltwerken spielt praktisch eine große Rolle. Dabei werden meist kleine Teilprobleme gesondert behandelt. Beim Zusammenschließen derartiger Teilschaltwerke muß dann besonders auf die Taktzeiten geachtet werden. Meistens muß man hier eine asynchrone Betrachtung anstellen, um verschiedene Schaltwerke mit eigenen Taktgebern zusammenschalten zu können.

Schaltkreise sind spezielle Schaltwerke mit einem Zustand.

Die Optimisierung von Schaltwerken wird nach verschiedenen Gesichtspunkten durchgeführt und hängt von den zu verwendenden Bauelementen ab.

Elektronische Datenverarbeitungsanlagen und Automatentheorie

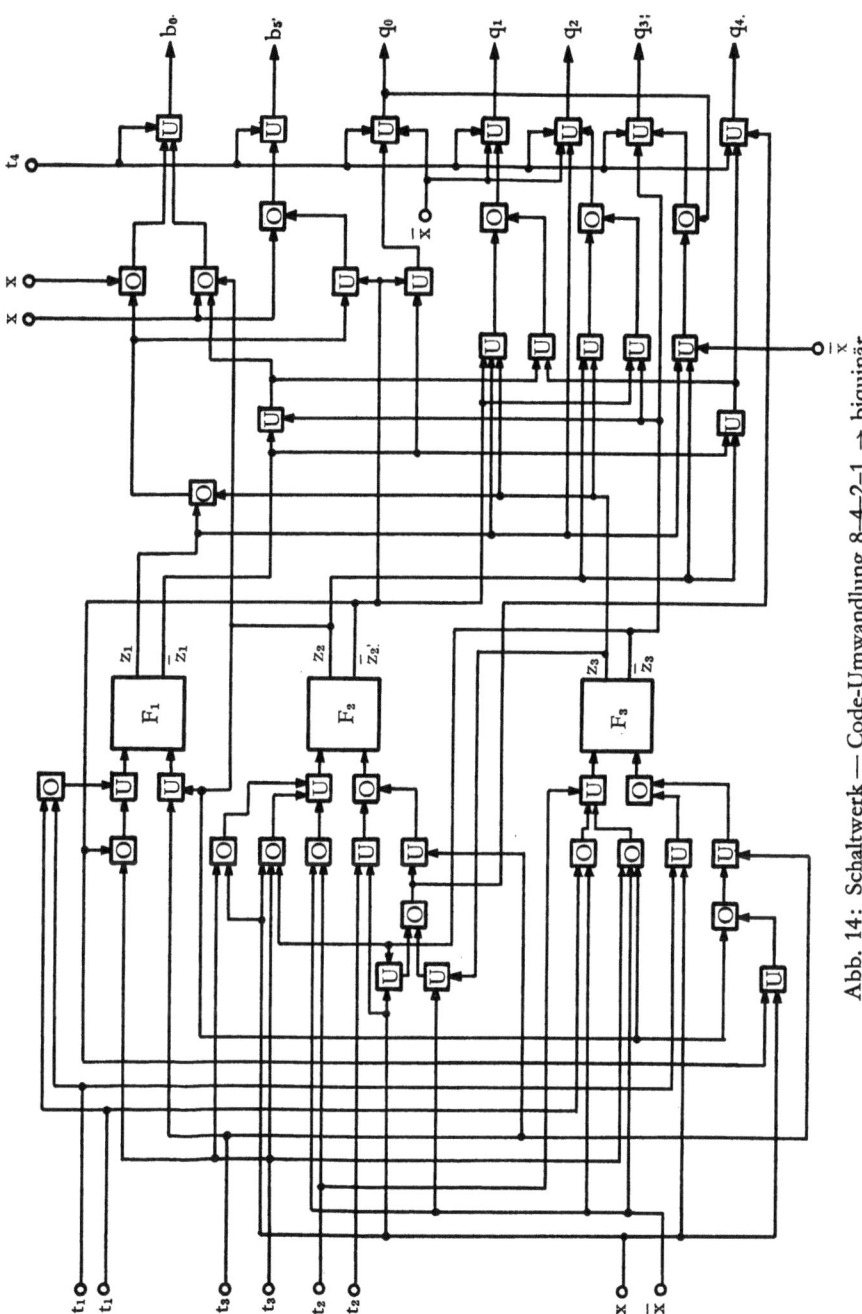

Abb. 14: Schaltwerk — Code-Umwandlung 8-4-2-1 → biquinär

4. Finite synchrone Netzwerke

Unter einem Netzwerk ist eine allgemeine Struktur zu verstehen, in der Schaltelemente miteinander in einer bestimmten Verbindung stehen. Die abstrakte Behandlung erfolgt durch einen Graphen mit der finiten Menge K der Knoten und der finiten Menge C der Zweige. Die Anzahl der Knoten wird Ordnung des Graphen genannt.

Die Verbindungen (Zweige) zwischen den Knotenpunkten werden durch eine Incidenz-Matrix (d_{ij}) bestimmt, deren Spalten durch die Zweige und die Zeilen durch die Knoten festgelegt sind. Wenn durch den j-ten Zweig eine Verbindung vom Knoten i_1 zu dem Knoten i_2 besteht, dann wird $d_{i_1 j} = d_{i_2 j} = 1$ gesetzt, alle übrigen $d_{ij} = 0$ in dieser Spalte.

Ein „Netzwerkgraph" ist damit charakterisiert durch

$$\Gamma_N(K, C, J)$$

mit J als Incidenzrelation.

Die Betrachtung synchron arbeitender Schaltwerke erfolgt ebenfalls durch einen Graphen, den Schaltwerksgraph Γ_S, der aber als gerichteter Graph bereits wesentlich speziellere Eigenschaften besitzt. Es erfolgt eine Bewertung der Zweige und Knoten. Die Zweige werden mit Signalpaaren (Eingangssignale $x \in \Sigma^x$, Ausgangssignale $y \in \Sigma^y$), die Knoten mit Zuständen $s \in S$ bewertet.

Eine derartige Bewertung eines Schaltwerksgraphen führt dann zu einer $\mathfrak{S}$-Struktur, die durch K, C, Σ^x, Σ^y, S und zwei Relationen, eine über $\Sigma^x \times \Sigma^y \times C$, die andere über $K \times S$, festgesetzt ist. In Abschnitt 3 erfolgte die Festlegung durch Abbildungen $g: \Sigma^x \times S \to S$ und $f: \Sigma^x \times S \to \Sigma^y$. Ein Schaltwerk wird dann durch Σ^x, Σ^y, S, g, f beschrieben.

Führt man im Falle eines Netzwerkgraphen eine Bewertung durch, die dann die Informationsverarbeitung eines bestimmten Netzes wiedergibt, dann gelangt man zu einer $\mathfrak{N}$-Struktur. Eine solche Bewertung wird mittels einer Klasse von Schaltoperatoren, die die $\mathfrak{N}$-Struktur wesentlich bestimmen, und durch Kennzeichnung bestimmter Zweige als Eingangs- und Ausgangskanäle vorgenommen.

Durch die Klasse der regulären Schaltoperatoren („Und"-Operator, „Oder"-Operator, „Nicht"-Operator, „Delay"-Operator) erhält man eine synchrone Struktur $\mathfrak{N}_r$ (Klasse der regulären Netzwerke), die nur noch bestimmte Eingangsfolgen zu verarbeiten vermag.

Die Klasse der finiten synchronen Netzwerke ist nach Burks-Wang durch folgende Axiome festgelegt (Elemente des Netzes: Zweige und Knoten):

A1 *(Diskretheit)* Zwischen irgend zwei Zeitpunkten bzw. Elementen existiert nur eine endliche Anzahl anderer Zeitpunkte bzw. Elemente.

A2 *(Finitheit)* Zu jedem Zeitpunkt gibt es nur endlich viele Elemente und Zustände (Bewertung) der Elemente des Netzwerkes.
Die Zahl der Elemente bzw. Zustände des Netzwerkes kann mit der Zeit nicht schrankenlos ansteigen.
Zugelassen ist die unendliche (abzählbare) Zukunft; die Vergangenheit ist endlich. Jede nicht-negative ganze Zahl stellt einen Zeitaugenblick dar und umgekehrt. Die Zahl Null kennzeichnet den Zeitbeginn.

A3 *(Ausschluß des Wachstums)* Die Struktur und die Anzahl der möglichen Zustände eines Netzwerkes ist konstant.

A4 *(Synchrone Struktur)* Zu jedem Zeitpunkt befinden sich die Elemente des Netzwerkes in einem definierten Zustand, und ein Gesamtzustand ist angebbar.
Änderungen der Elemente bzw. Zustände werden nur zu Anfang von Taktzeiten eingeleitet und sind zum Ende von Taktzeiten ausgeführt. Die Takte werden zentral von einem Taktgenerator (Uhr) geliefert und müssen zeitlich nicht äquidistant sein (Änderungen der Zeitskala zulässig).

A5 *(Determiniertheit)* Zu jedem Zeitpunkt ist der vollständige Zustand eines Netzwerkes und die Einwirkung auf seine Umgebung eindeutig nur durch die Zustände in der Vergangenheit bestimmt.

A6 *(Zeitlich rekursive Struktur)* Ein Netzwerk ist durch Gegenwart und kürzeste Vergangenheit eindeutig determiniert.
Jeder Zustand in einem Zeitpunkt wird nur durch Zustände in dem um eine Taktzeit früheren Zeitpunkt bestimmt.

A7 *(Netz und Umgebung)* Ein Netzwerk wirkt auf seine Umgebung und ändert seine Zustände entsprechend seiner Struktur und den Eingängen (Einwirkung seiner Umgebung).

Man erkennt, welche entscheidenden Forderungen gestellt werden müssen, um z. B. zur Klasse der regulären Netzwerke zu gelangen, die den Axiomen A1 bei A7 genügt.

Die weiteren Betrachtungen erstrecken sich auf die Überlegungen, wieweit das vorgelegte Axiomensystem aufgelockert werden muß, um über die ursprüngliche „von Neumann-Konzeption" hinaus zu gelangen und Netzwerke allgemeinerer Struktur zu betrachten.

Dabei sollen zunächst allgemeinere Strukturen synchronen Charakters untersucht werden. Danach sollen einige Bemerkungen über asynchrone Netzwerke gemacht werden.

5. Strukturtheorie sequentieller Automaten von Böhling

Den Untersuchungen synchroner Automaten liegen die drei Mengen Σ^x, Menge der Eingangssignale, Σ^y, Menge der Ausgangssignale und S, Menge der inneren Zustände, zugrunde. Man kann daher zur Darstellung nicht ohne weiteres mit Algebren arbeiten, die auf einer Menge erklärt sind. Denn bei einer k-stelligen Operation muß diese auf jedes k-Tupel anwendbar, das Ergebnis muß wieder ein Element der Algebra sein. Eine weitere Einschränkung bringt der Abbildungsbegriff herein, der z. B. bei g in (3.1) einen eindeutig bestimmten nächsten Zustand festlegt, also zur Erfüllung von A5 (Determiniertheit) führt.

Eine wesentliche Erweiterung in der Theorie sequentieller Automaten ist nach K. H. Böhling durch die Einführung von Relationen gegeben, d.h., die Automaten werden durch geeignete Relationensysteme festgelegt. Die beiden Signalklassen Σ^x und Σ^y werden zu einer Signalklasse Θ zusammengefaßt. Mit $E = \Theta \cup S$, der Vereinigungsmenge von Signalklasse und Zustandsklasse, wird die Menge bezeichnet, auf der die Relationen erklärt sind.

Die Beschreibung eines sequentiellen Systems erfolgt durch zwei dreistellige Relationen.

(5.1) $\qquad G(\delta, s, s')\qquad$ mit $\quad \delta \in \Theta; s, s' \in S \quad$ Transitionsrelation

(5.2) $\qquad F(\delta, s, \delta')\qquad$ mit $\quad \delta, \delta' \in \Theta; s \in S \quad$ Transduktionsrelation

G und F sind die Verallgemeinerungen von g und f in (3.1) und (3.2). Damit ist ein sequentielles System

(5.3) $\qquad\qquad \mathfrak{R} = (E, G, F)$

festgelegt, das unter Hinzunahme von Anfangsbedingungen und Nebenbedingungen zu einem sequentiellen Automat wird.

(5.4) $\qquad\qquad \mathfrak{A} = (E, S_0, G, F, Q)$

Q ist dabei eine zusätzliche Relation, die mindestens einstellig und höchstens dreistellig sein kann.

Sowohl die Nichtdeterminiertheit als auch die partiellen Automaten (das sind solche, die gewissen Einschränkungen unterliegen, z. B. g ist nur auf einer echten Untermenge von $\Sigma^x \times S$ definiert) lassen sich ohne weiteres erfassen. Es kann eine Klassifikation derart vorgenommen werden, daß sich alle bisher bekannten Automatentypen einordnen lassen.

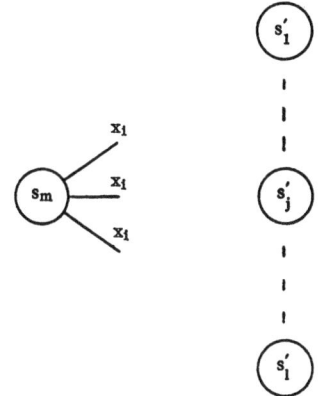

Die Nichtdeterminiertheit bedeutet, daß der Übergang nach s' von z. B. s_m mit Eingangssignal x_1 nicht eindeutig festgelegt ist, sondern z. B. von gewissen Übergangswahrscheinlichkeiten p_{ml} abhängig ist. Dieser Fall ist ersichtlich mit obiger Theorie einfach erfaßbar und führt zur Betrachtung mehrerer Folgen, die sich hier ergeben können. Im Bereich der lernenden Automaten treten solche Untersuchungen auf. Es sei hier auf den engen Zusammenhang mit Markoffschen Ketten hingewiesen, insbesondere auf Markoffsche Ketten erster Ordnung.

In Erweiterung von (5.3) lassen sich allgemeine sequentielle Systeme angeben, indem man von der Klasse der Signalfolgen T ausgeht.

(5.5) $\qquad \mathfrak{R}' = (E', G', F')$ mit $E' = T$

Analog zu (5.4) erhält man

$$\mathfrak{A}' = (E', S_0, G', F', Q')$$

Die Relationen sind jetzt über der erweiterten Grundmenge erklärt.

6. Asynchrone Netzwerke, Theorie von Petri

Eine wesentliche Verallgemeinerung wird erzielt, wenn man die Forderung einer synchronen und zeitlich rekursiven Struktur (A4 und A6) fallenläßt und den Zeit- und Zustandsbegriff nur noch in lokaler Weise für Elemente verwendet. Ein Gesamtzustand zu bestimmten Zeiten ist nicht mehr anzugeben. Hinzu kommt, daß auch der Ausschluß des Wachstums nicht mehr gefordert zu werden braucht.

Dieser Auffassung liegen Erkenntnisse über physikalische Gegebenheiten zugrunde, die den Bau extrem schneller synchroner elektronischer Rechenanlagen (hohe Taktfrequenz) mit beliebig großer, aber endlicher Speicherkapazität in Frage stellen. Man geht davon aus, daß eine obere Grenze für die Übertragungsgeschwindigkeit von Signalen und eine obere Grenze für die räumliche Dichte von Informationen besteht. In verschiedenen Arbeiten ist gezeigt worden, daß nur höchstens iterativ erklärte Klassen von Eingangsfolgen von Automaten fester endlicher Größe aufgenommen werden können.

Ein Eingehen auf allgemeinere Aspekte dieser von C. A. Petri entwickelten Theorie ist in diesem Rahmen nicht möglich, da hierzu eine Reihe grundlegender Voraussetzungen getroffen werden müssen.

Ein einfaches duales Addierwerk soll – um die Unterschiede gegen die Theorie synchroner Automaten hervorzuheben – kurz skizziert werden.

x_1	x_2	z	y
0	0	0	0
0	1	1	0
1	0	1	0
1	1	0	1

$z = x_1 \oplus x_2$ mit den in 2. eingeführten Bezeichnungen

$y = x_1 \wedge x_2$

Zur Darstellung von x_1, x_2, z und y zwei Kanäle:

$\left.\begin{array}{l}x_1\\\bar{x}_1\end{array}\right\}$ Impuls auf denjenigen Kanal, auf dem die Boolesche Variable den Wert „1" annimmt.

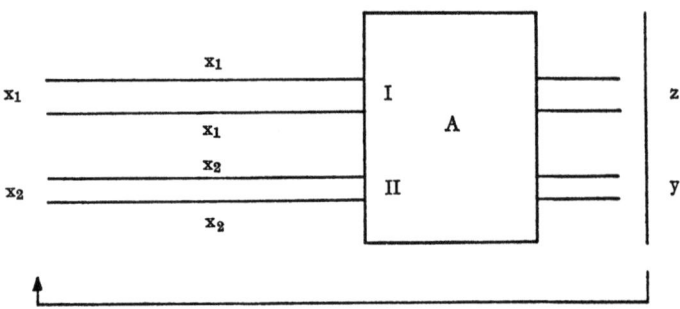

Eine Verarbeitung in A erfolgt erst, wenn auf I und auf II je ein Signal angetroffen wird, es wird also gewartet, bis die für ein Element A notwendige Information eingetroffen ist. Die Information wird dann weitergeleitet nach z und y entsprechend obiger Wertetabelle. Gleichzeitig erfolgt eine Rückmeldung, daß auf den Kanälen für x_1 und x_2 weitere Signale gesendet werden können und eine „Löschung" in I und II, so daß neue Information aufgenommen werden kann.

Es liegt nun nahe, Schaltelemente folgender Art einzuführen:

$$\frac{a}{b} \!\!-\!\!\!-\!\!\!\boxed{W}\!\!-\!\!\!- c \qquad \text{Mögliche Zustände auf den drei Leitungen: 0 oder 1}$$

Geforderte Abbildungseigenschaften: $\begin{pmatrix} a & b & c \\ 1 & 1 & 0 \end{pmatrix} \rightarrow \begin{pmatrix} a & b & c \\ 0 & 0 & 1 \end{pmatrix}$, d. h., dadurch, daß c in den Zustand „1" übergeht, werden a und b in den Zustand „Null" versetzt.

W wartet, bis in a und b Zustand „1" vorliegt und gibt auf c den Zustand 1 weiter.

Hier liegt also ein Schaltelement mit Rückwirkung vor im Gegensatz z. B. zu der in 2. beschriebenen „Und" Schaltung (y bei dualem Addierwerk). Dort behalten die Ausgangsvariablen bei jeder Abbildung ihren Wert.

Es wird also verlangt, daß das Tripel 001 der zeitliche Nachfolger von 110 ist (lokaler Zeitbegriff), über den eigentlichen Zeitbedarf des Vorganges wird nichts vorausgesetzt.

Das skizzierte Element W reagiert auf „Einsen" in a und b. Das duale Element $\overline{W}$ ist durch $\begin{pmatrix} a & b & c \\ 0 & 0 & 1 \end{pmatrix} \rightarrow \begin{pmatrix} a & b & c \\ 1 & 1 & 0 \end{pmatrix}$ festgelegt. Der Übergang zum dualen Element ist mit einer Vertauschung des zeitlichen Richtungssinnes äquivalent.

Kommt also auf c eine „1" an, so findet eine Weitergabe dieser Information auf den beiden Kanälen a und b statt, c geht in den Zustand Null über.

Von derartigen Elementen ausgehend kann eine allgemeine Theorie aufgebaut werden.

Ein grundlegendes Ergebnis der Theorie ist, daß jedes asynchrone Netzwerk zu einem reversiblen (informationsverlustfreien) Netzwerk ergänzt werden kann, welches allein aus lokal synchronisierenden Elementen τ zusammengesetzt ist.

$$\frac{a}{b} \!\!-\!\!\!-\!\!\!\boxed{\tau}\!\!-\!\!\!-\!\!\frac{c}{d}$$

Abbildungseigenschaften von τ:

$$\begin{pmatrix} a & b & c & d \\ 1 & 1 & 0 & 0 \end{pmatrix} \leftrightarrow \begin{pmatrix} a & b & c & d \\ 0 & 0 & 1 & 1 \end{pmatrix}$$

Schluß

Die Fragestellungen im Rahmen der Automatentheorie entstammen dem Bau und der Verwendung elektronischer Datenverarbeitungsanlagen. Bei dem Aufbau von Schaltwerken war betont worden, daß mit Schaltungen gearbeitet wird, die sich leicht durch Dioden, Transistoren und Magnetkerne realisieren lassen. Die physikalischen Gegebenheiten spielen also sehr weitgehend herein. Der Einfluß soll hier noch genauer beleuchtet werden.

Die ersten Anlagen wurden mittels Röhren als Hauptbauelement verwirklicht. Später kamen Magnettrommeln, Kathodenstrahlröhren, Magnetkerne und Magnetbänder als Speichermöglichkeiten hinzu, die Röhrenschaltungen wurden durch Dioden- und Transistorschaltungen ersetzt.

Heute stehen wir vor einer weiteren gewaltigen Neuentwicklung auf dem Gebiete der Bauelemente, die sicherlich an Bedeutung die Stufe Röhre–Transistor noch übersteigen wird. Nun muß man sich die Frage vorlegen, welche neuen Aufgaben für die Automatentheorie und welche früher aufgegriffenen Untersuchungen nunmehr interessant geworden sind.

Die neuen Entwicklungen sind dadurch gekennzeichnet, daß auf ebenen Flächen durch Aufdampfen durch Masken und durch Herstellung isolierender Zwischenschichten eine große Anzahl von aktiven und passiven Schaltelementen oder Speicherelementen auf kleinstem Raum hergestellt werden kann.

Hinzu kommt noch die Billigkeit der Herstellung. Verbindungsleitungen zwischen solchen Bauelementen werden ebenfalls durch Aufdampfen hergestellt.

In diesem Zusammenhang sei noch auf die Feldeffekt-Transistoren, magnetische Filmspeicher und Cryotronspeicher hingewiesen.

Die Möglichkeiten der neuen Techniken werden am einfachsten durch ein bereits in Betrieb befindliches Aggregat moderner Bauart demonstriert, das mit einem Dünnfilmspeicher arbeitet.

Remington: Wortlänge: 18 Bits; Add.-Zeit: 8 μsec
Multipl.-Zeit: 29–50 μsec
Speicher (Dünnfilm): 4096 Worte Permanentspeicher, 512 Worte Aktivspeicher
Zugriffszeit: 0,3 μsec
Ausmaße: Quadrat 15 cm Seitenlänge, Höhe 17 cm
Gewicht: 8 kg; Leistungsverbrauch: 35 W

Die Anlage enthält 1200 elektronische Schaltkreise mit 18 000 Transistoren, Dioden und Widerständen.
Leistung: 125 000 Add./sec, 30 000 Multipl./sec, 4000 Quadratwurzeln/sec.
Es ist in naher Zukunft möglich, den Millionenspeicher (1 Million „Worte") mit direktem Zugriff zu verwirklichen und Schalt- und Speicherelemente in großer Zahl beliebig herzustellen.
Als neue Aufgabe, besser eine schon bekannte und früher gestellte, die erst jetzt verwirklicht werden kann, ergibt sich, zuverlässige Schaltelemente durch eine entsprechende Redundanz zu entwerfen. Die Schaltelemente sollen auch bei Ausfall eines oder mehrerer Bauelemente noch voll funktionsfähig bleiben. Die Fragestellungen, die schon in der Informationstheorie bei der Übertragung von Nachrichten zu den redundanten Codes führten, werden hier auf die Schaltelemente bzw. ganze Netze oder Schaltwerke erweitert.
Mit Aufmerksamkeit werden auch die Entwicklungen auf dem Gebiete des Assoziativspeichers betrachtet. Hierbei handelt es sich um das Auffinden von Speicherinhalten, die an markierten Bitstellen eines Wortes mit dem betreffenden Kennwort übereinstimmen.
Eine Erweiterung ist hier durch „möglichst gut übereinstimmen" gegeben. Aufmerksam müssen aber auch die Entwicklungen in der reinen Mathematik verfolgt werden, um die Erkenntnisse in der Automatentheorie anwenden zu können.
Alles in allem handelt es sich um ein höchst wichtiges in ständiger Bewegung befindliches Gebiet, das nur in wirklicher Teamarbeit befriedigend bearbeitet werden kann.

Summary

The paper studies the relationship between digital data processing and the theory of automata. Beginning with the consideration of an example (the IBM 1410/7090) the paper goes on to developing abstract automata models which will lead to specification of future computer components and methods of computation. The paper is self-contained in the sense that no further literature is needed, moreover, detailed investigations and diagrams are included to help the reader. In particular it concerns to the combinatorial and sequential switching circuits, finite synchronous net works, structure theory of sequential automata of Böhling, asynchronous net works according to the theory of Petri.

Résumé

L'exposé s'occupe des relations entre le traitement de l'information digitale et de la théorie des automates. L'étude d'un exemple (IBM 1410/7090) est suivie du développement des modèles abstraits d'automates qui conduiront à une spécification des éléments de calculateurs futurs et des méthodes de calcul. La lecture de cet exposé n'exige pas la connaissance d'autre littérature; des investigations détaillées et des diagrammes serviront à faciliter la compréhension du lecteur. Les sujets principaux sont les circuits combinatoires et séquentiels, les réseaux finis synchrones, la théorie de la structure des automates séquentiels par Böhling, les réseaux asynchrones d'après la théorie de Petri.

Diskussion

Professor Dr. rer. nat., Dr. sc. math. h.c. Heinrich Behnke

Ich glaube, ich käme in Verlegenheit, wenn ich im einzelnen auf den Vortrag eingehen sollte. Von Automatentheorie verstehe ich nichts, außer natürlich, daß ich darüber einige informatorische Vorträge gehört habe.

Gestatten Sie mir aber eine allgemeine Betrachtung zur sogenannten angewandten Mathematik – genauer müßte es heißen: zu dem auf Anwendungen besonders bezogenen Teil der Mathematik. Da tritt an vielen Stellen das merkwürdige Phänomen auf: Wer angewandte Mathematik studieren will, muß zunächst sich intensiv um reine Mathematik bemühen. Wieso kann das möglich sein?

In der angewandten Mathematik gehen in die Stellen der Veränderlichen nicht Zahlen ein, sondern Zahlen $\pm$ Ungenauigkeitsgrenzen. Bei den folgenden Rechnungen laufen diese „Fehler" mit. Es ist bei der Stellung einer Aufgabe nicht allgemein sogleich zu erkennen, wie sich diese Fehler bemerkbar machen. Sie können sich „hochschaukeln". Diese Fehler in den abgeleiteten Resultaten zu beherrschen, kann eine sehr diffizile Sache sein. Zum Beispiel:

Zu einer gewöhnlichen Differentialgleichung 1^{er}Ordnung gibt es unter allgemeinen Voraussetzungen durch jeden Punkt des Feldes *genau* eine Lösung. Das ist reine Mathematik. Aber in der angewandten Mathematik haben Sie *nicht genau* einen Punkt, *sondern* ein kleines Gebiet um diesen Punkt herum. Durch jeden Punkt dieses Gebietes gibt es eine Lösungskurve. Wiederum wird unter gewissen Bedingungen diese Lösungskurve sich von den ursprünglichen Lösungskurven „kaum" unterscheiden. Was geschieht aber, wenn sie nun weit genug vom Anfangspunkt weglaufen? Unterscheiden sich dann auch noch „kaum" die Lösungskurven voneinander, und was heißt „kaum"? Der angewandte Mathematiker muß für die Abweichungen numerische Grenzen angeben können. Ohne die Angabe solcher Fehlergrenzen ist die ganze Rechnung eine Spielerei. Die Ausrechnung dieser Fehlergrenzen aber kann sehr kompliziert sein. In diesem Sinne ist die angewandte Mathematik schwerer und zugleich schwerfälliger als die reine Mathematik. In der reinen Mathematik gibt es keine Abweichungen, sondern allein *das* genaue Resultat.

Ich möchte diese Situation noch von einer anderen Seite beleuchten.

In der elementaren Geometrie wird von Punkten, Geraden, Ebenen gesprochen. Das sind reine mathematische Begriffe. Der Punkt hat keine Dicke, die Gerade keine Breite, zwei Geraden treffen sich höchstens in einem Punkt usw. Zeichnen können wir nur Punkte mit einer gewissen Dicke, Geraden, die eine gewisse Breite haben. Was läge nun näher als eine reale Geometrie aufzustellen, wo die Punkte wirklich eine Dicke haben usw. ? Und in der Tat ist dies wiederholt versucht worden, zuletzt in einem ernst zu nehmenden Sinne um 1920 vom dänischen Mathematiker Hjelmslev. Doch das wird schnell so maßlos kompliziert, daß man dabei nicht ein Analogon zu den zahlreichen Sätzen der elementaren Geometrie aufbauen konnte. Dies Streben ist in den Anfängen steckengeblieben und heute vergessen. Man muß immer mit den Sätzen der euklidischen Geometrie operieren und gegebenenfalls zum Schluß eine Betrachtung über die Ungenauigkeit der Zeichnung – und genau das gehört zu der angewandten Mathematik – hinzufügen.

Professor Dr. phil. Guido Hoheisel

Zum Vortrag von Herrn Unger möchte ich ein paar Fragen stellen. Wenn ich mir das praktisch vorstelle, ist es so: Sie geben ein, und es kommt ein Resultat heraus. Nun entdecken Sie, das Ergebnis ist Unsinn. Wie sind die modernen Apparate beschaffen, und wieviel Zeit wird man im allgemeinen brauchen, um Fehler in der Apparatur oder bei der Eingabe zu entdecken.

Was Sie sagten, daß man an der Stelle „bit" oben oder unten einen Fehler ablesen kann, ist ja eine andere Sache. Ich meine allgemeine Fehler, sei es in der Apparatur, sei es bei der Eingabe. Es können sich auch Fehler aufheben. Trotzdem sehen Sie, daß das Resultat – ich weiß nicht, ob ich es primitiv sage – falsch ist. Sie wissen schon die ungefähren Resultatwerte, aber Sie sehen, was Sie bekommen, ist Unsinn.

Diskussion

Professor Dr.-Ing. Heinz Unger

Man geht davon aus, daß die Eingangsfolge richtig ist. Dann liegt kein Programmierfehler vor.

Zur Absicherung der Richtigkeit der Ausgangsfolge gibt es grundsätzlich mehrere Möglichkeiten. Die eine Sicherung kann von der Programmierseite erfolgen. Man kann jedem Programm eine zusätzliche Möglichkeit der Fehlerkontrolle anfügen. Das andere ist die Kontrolle der Funktionsfähigkeit der Maschine. Das ist ein sehr weitgehendes Feld. Hier ist nur die Sicherheit im Rahmen der Übertragung von Nachrichten behandelt worden. Die Überlegungen, die zu diesen fehlererkennenden und korrigierenden Codes geführt haben, sind sehr sorgfältig ausgearbeitet worden. Man kann sagen, die Fehlerüberprüfung, die maschinell vorgenommen wird, geht heute so weit, daß ein unbemerkter Fehler eine so große Seltenheit ist, daß man sich kaum damit zu befassen braucht.

Es soll nicht gesagt sein, daß keine Fehler auftreten, sondern nur, daß unbemerkte Fehler außerordentlich selten sind. Bei einer Codierung war ein Fehler angezeigt worden, wenn auf dem Kanal b_0 und b_1 gleichzeitig Impulse auftreten. Es leuchtet dann eine Lampe auf, die Maschine stoppt.

Professor Dr. phil. Guido Hoheisel

Noch eine zweite Frage, die die Fehlerabschätzung betrifft. Durch die Eingabe ist schon ein gewisser rechnerischer Vorgang vorgeschrieben, also die Programmierung ist ein rechnerischer Vorgang. Wie weit ist man heute imstande, wenn eine längere Rechnung läuft, zu sagen, die Fehler, die natürlich im Laufe der Zeit kommen, überschreiten nicht die und die Größe. Gibt es also Möglichkeiten, das theoretisch einigermaßen zu beherrschen, oder ist man mehr oder weniger auf verhältnismäßig grobe Abschätzungen angewiesen?

Professor Dr.-Ing. Heinz Unger

Es ist zunächst vom Problem abhängig. Wenn Differentialgleichungen numerisch zu integrieren sind, dann hat man heute Möglichkeiten, den Fehler vernünftig abzuschätzen, das heißt also Schranken anzugeben, die den tatsächlichen Fehler 2- oder 2½mal höchstens übersteigen. Dazu ist allerdings zu sagen, daß der Aufwand recht groß ist. Die Fehlerschrankenbestimmung erfordert teilweise sogar mehr Aufwand als die eigentliche Integration. Es ist aber dennoch sinnvoll, so vorzugehen.

Eine grundsätzliche Überlegung ist natürlich, von vornherein mit stabilen Verfahren zu arbeiten. Das sind solche, die sich nicht expotentiell von der theoretischen Lösung entfernen. Es gibt eine Theorie über die Stabilität der numerischen Integration.

Professor Dr. phil. Guido Hoheisel

Ich möchte noch eine kleine pädagogische Bemerkung machen. Nach Ihrem Vortrag habe ich das Gefühl, es müßte heute in der höheren Schule viel mehr elementare Wahrscheinlichkeitsrechnung und Kombinationslehre betrieben werden. Das ist die beste Vorbereitung für solche Dinge. Das sollten sich die Schulen mal überlegen.

Professor Dr. rer. nat., Dr. sc. math. h. c. Heinrich Behnke

Bei der Auswahl von Schulstoffen im mathematischen Unterricht kann man im allgemeinen nicht von Zweckmäßigkeiten ausgehen, die im Interesse des Nachwuchses einzelner Berufsgruppen liegen. Doch selbst wenn diese Berufsgruppen einen Sektor ausfüllen, der erheblich ist, gemessen an der totalen Zahl der Abiturienten, kommt man schnell an die Grenze des für einen durchschnittlichen Gymnasiasten faßbaren Stoffes innerhalb der für das Fach – hier die Mathematik – angesetzten Stundenzahl. Was soll denn nun noch bei den 3 Wochenstunden, die meistenteils in den Oberklassen unserer Gymnasien erteilt werden, herauskommen! Diese Stunden sind bis auf das letzte ausgenutzt.

Andererseits genügt das, was ein Abiturient kann, im allgemeinen nicht für das Studium. Es gibt ja fast keine Universität, wo von den Anfängern im Studium der Mathematik nach einem Jahr noch 50% da sind. Und in allen Studienfächern, in denen etwas mathematische Kenntnisse, aber kein mathematisches Studium vorausgesetzt wird, sind die Klagen nicht minder groß.

Das ist eine Situation, die allen, die sich für den Nachwuchs verantwortlich fühlen, ernste Sorgen bereitet. Was ist die Ursache der Zustände?

Macht man das Abitur zu leicht, oder ist die Ausbildung zu einseitig auf andere Fächer ausgerichtet?

Staatssekretär Professor Dr. h.c., Dr.-Ing. E. h. Leo Brandt

Wenn dies zur Diskussion steht, muß man aber fragen: Ist der Prozentsatz in Frankreich, in England usw. günstiger?

Professor Dr. rer. nat., Dr. sc. math. h.c. Heinrich Behnke

Die Prozentsätze sind schwer vergleichbar. Sicher gibt es in Frankreich sehr harte Examen mit großen Quoten an Mißerfolgen. Die Öffentlichkeit rügt dies genauso. Ebenso ist es in Schweden. Abitur in einem Lande und Abitur in einem anderen Lande ist etwas sehr Verschiedenes. In Deutschland fällt auf, daß Schule und Universität heute – im Gegensatz zum vorigen Jahrhundert – ganz besonders schlecht aufeinander abgestimmt sind. Zum Teil liegt das an den ganz verschieden aufgebauten Ordnungen der Gymnasien und der Universitäten. Der Fragenkomplex ist sehr diffizil und berührt die Ungebundenheit der Universitäten.

Demgegenüber sind in der Tat die Anforderungen an diplomierten Mathematikern – Diplom hier gemeint in einem sehr allgemeinen Sinne –, also von Absolventen des Staatsexamens für das höhere Lehramt, des Diplom- und des Doktorexamens gewaltig gestiegen. Die Industrie verlangt sehr viele Mathematiker, die sie früher gar nicht brauchte. Aber es ist noch weit schlimmer, daß die Staatsverwaltung für die höheren Schulen Mathematiker sucht und sie nicht bekommt. Bis zu 70% der angeforderten Lehrkräfte können nicht gestellt werden. Hilfskräfte aller Art geben den Mathematikunterricht, soweit er nicht völlig ausfallen muß. Wie das auf die Dauer werden soll, ist nicht abzusehen. Die Erscheinung, die hier gerügt wird, potenziert sich in einem Kreislauf: Geschmälerte Ausbildung, schlechtere Abiturienten, schlechtere und vor allem weniger Studenten und wiederum weniger und schlechter ausgebildete Lehrer.

Es mag durchaus Begabungsreserven geben. Für eine gute Ausbildung in der Mathematik sind sie nur zu gewinnen, wenn sie früh – und das heißt mit etwa 10 Jahren – erfaßt werden. In der Mathematik ist mit 20 und 25 Jahren nicht mehr nachzuholen, was der 10–14jährige Schüler durch regelmäßiges Training erwerben kann. Für einen zahlreichen und guten Nachwuchs an Mathematikern ist erforderlich, daß die Gymnasiallehrer Schüler mit guten mathematischen Leistungen für das Studium gewinnen *und* daß die Universitäten rücksichtsvoller gegenüber den Anfängern sind.

Professor Dr. rer. nat. Claus Müller

Ich möchte zunächst sagen, daß ich mich über Ihre erste Bemerkung, Herr Kollege Behnke, sehr gefreut habe. Die angewandte oder anzuwendende Mathematik ist sicher wissenschaftlich schön, wichtig und vor allen Dingen schwer. Wenn man die Frage diskutiert, wie die Entwicklung der Mathematik und der Technik sich wechselseitig beeinflussen, so muß man damit auch die Feststellung verbinden, daß die sogenannte reine Mathematik durch moderne Entwicklungen vor neue Situationen gestellt wird.

Ich möchte einen Punkt herausgreifen, der schon oft diskutiert wurde, der aber durch die Beziehungen zur numerischen Mathematik neue Gesichtspunkte erfahren kann. Es handelt sich um die Benutzung des indirekten Beweises. Wir alle wissen, daß die indirekten Beweise sehr häufig gegenüber den direkten Beweisen dadurch ausgezeichnet sind, daß sie den gewünschten Sachverhalt kürzer und eleganter zu beweisen gestatten. Dies hat zur Folge, daß in den Lehrbuchdarstellungen der Analysis die indirekten Beweise sehr häufig verwandt werden. Viele der wichtigsten Sätze der Analysis enthalten jedoch Aussagen über die Existenz bestimmter Zahlwerte, wie Maxima, Minima, Nullstellen usw. Gegenstand der numerischen Mathematik ist es, diese Werte zu bestimmen. Sind die Beweise der Analysis jedoch mit indirekten Methoden geführt, so läßt sich dieses Beweisverfahren nicht in die numerische Mathematik übersetzen. Der Student muß folglich das numerische Verfahren nach anderen konstruktiven Beweisgedanken ausrichten. Die Streitfrage, wie weit der Aufbau einer mathematischen Theorie konstruktiv sein soll, gewinnt damit über die wissenschaftlichen Gesichtspunkte hinaus auch praktische Bedeutung.

Professor Dr. rer. nat., Dr. sc. math. h. c. Heinrich Behnke

Die Forderung, im Aufbau mathematischer Theorien indirekte Beweise zu vermeiden, ist immer wieder aufgestellt. Befolgt man sie radikal, so wird vor allem die Analysis schwerfälliger und ärmer. Eben deshalb werden auch fast alle Autoren verführt, indirekte Beweise zu benutzen, wo diese den Weg erheblich abkürzen. Niemand wird meinem Vorredner bestreiten, daß so bei numerischen Rechnungen Schwierigkeiten auftreten können. Aber wir können die reine Mathematik nicht nur als Vorhof der angewandten ansehen. Sie müssen uns schon das Vergnügen lassen, die Eleganz *indirekter* Beweise auszunutzen. So ist es auch vom klassischen Altertum bis zur heutigen Zeit gewesen. So wurden manche Einsichten gewonnen, die dann später für den Bedarfsfall auch direkte Beweise bekamen. Es gibt aber auch mathematische Einsichten, für die es keine direkten Beweise gibt. Kein Geringerer als David Hilbert hat sich gegen die Forderung, *indirekte* Beweise unbedingt zu vermeiden, gewehrt, als in den zwanziger Jahren die Forderung nach *direkten* Beweisen sehr laut erhoben wurde. Eine Diktatur dürfe hier nicht errichtet werden.

Professor Dr. rer. nat. Claus Müller

In einer Situation, wie wir sie gemeinsam schilderten, bei der es zu wenig Mathematiker gibt, besteht noch die zusätzliche Gefahr, daß diese Mathematiker entweder nicht willens, oder nicht befähigt sind, die Anwendungen aufzugreifen und zu behandeln. Das Verhältnis zwischen der den Anwendungen aufgeschlossenen Mathematik und der sogenannten reinen Mathematik kann wechselseitig so interpretiert werden, daß beide Gebiete voneinander profitieren.

Unser Unterricht wird insbesondere den Gesichtspunkten der numerischen Mathematik mehr Rechnung tragen müssen als wir es bisher getan haben. Es wird beispielsweise im Gebiet der numerischen Analysis immer von großen Fortschritten gesprochen. Ich habe jedoch den Eindruck, daß es in den Grundkonzeptionen dieser Disziplinen keinen anderen Fortschritt gegeben hat, als daß die Rechenmaschinen sehr viel schneller laufen. Man merkt dies besonders, wenn man prüft, welche Rechenprogramme benutzt werden.

Die numerische Analysis scheint mir eine der größten Herausforderungen an die moderne Mathematik zu liefern.

Diskussion

Professor Dr. Vojislav G. Avakumović

Das, was Herr Müller erwähnt hat, steht in einem gewissen Zusammenhang mit dem, was Herr Behnke ausgeführt hat, und zwar mit der Geometrie von J. Hjelmslev.

Außerdem rechnen die Maschinen aber immer perfekter. Die Rechenmethoden entwickeln sich nicht so schnell, so daß es in kurzer Zeit evtl. vorkommen kann, daß wir mit diesen perfekten Maschinen nichts Vernünftiges anfangen können.

Professor Dr. rer. nat. Claus Müller

Seit der Zeit von Runge und Kutta hat die gesamte Mathematik auf vielen Gebieten große Fortschritte erzielt. Es wäre sehr verwunderlich, wenn die dabei entwickelten Konzeptionen und die entdeckten Strukturen keine Anwendungsmöglichkeiten in der numerischen Mathematik finden würden.

Dr. phil. Siegfried Filippi

Zur Bemerkung von Herrn Professor Dr. Claus Müller (TH Aachen) möchte ich nur erwähnen, daß gerade in den letzten Jahren Herr Dr. E. Fehlberg (NASA, Huntsville, USA) das klassische Runge-Kutta-Verfahren mit der Fehlerordnung $O(h^5)$ mit Hilfe einer einfachen Transformation wesentlich verbessert hat: Fehlberg entwickelte Runge-Kutta-Formeln von *beliebig hoher Fehlerordnung*. Diese Runge-Kutta-Fehlberg-Formeln gestatten außerdem eine überaus rationelle automatische Schrittweitensteuerung, so daß man heute Anfangswertaufgaben bei gewöhnlichen Differentialgleichungen auch über sehr große Integrationsintervalle mit *beliebig wählbarer* Genauigkeit numerisch lösen kann.

Professor Dr. rer. nat. Claus Müller

Es ist nicht daran zu zweifeln, daß die numerische Analysis in Einzelheiten Fortschritte erfahren hat, aber es gibt andererseits außerordentlich wichtige Gebiete, die trotz der großen Rechenmaschinen numerisch noch immer nicht bearbeitet werden können. Dies gilt beispielsweise für viele Fragen der partiellen Differentialgleichungen. Wenn Sie heute einen Kernreaktor durchrechnen wollen, so reichen die größten Maschinen nicht aus, um diese Aufgabe mit der Genauigkeit zu lösen, die erforderlich wäre. Ist es aber sinnvoll, diese Schwierigkeit nur mit dem Wunsche nach der größeren und schnelleren Maschine zu beantworten?

Professor Dr.-Ing. Heinz Unger

Wenn diese Probleme nur auf diese Weise gelöst werden könnten, wäre das ein Armutszeugnis für die Mathematik. Man kann es vielleicht so ausdrücken: Die Fortschritte auf dem Gebiet der numerischen Analysis entsprechen in keiner Weise den Fortschritten und den Möglichkeiten, die durch die Datenverarbeitung heute gegeben sind. Es ist zu befürchten, daß diese Diskrepanz noch viel größer wird.

VERÖFFENTLICHUNGEN DER ARBEITSGEMEINSCHAFT FÜR FORSCHUNG DES LANDES NORDRHEIN-WESTFALEN

AGF-N Heft Nr.		NATUR-, INGENIEUR- UND GESELLSCHAFTSWISSENSCHAFTEN
1	Friedrich Seewald, Aachen	Neue Entwicklungen auf dem Gebiete der Antriebsmaschinen
	Fritz A. F. Schmidt, Aachen	Technischer Stand und Zukunftsaussichten der Verbrennungsmaschinen, insbesondere der Gasturbinen
	Rudolf Friedrich, Mülheim (Ruhr)	Möglichkeiten und Voraussetzungen der industriellen Verwertung der Gasturbine
2	Wolfgang Riezler †, Bonn	Probleme der Kernphysik
	Fritz Micheel, Münster	Isotope als Forschungsmittel in der Chemie und Biochemie
3	Emil Lehnartz, Münster	Der Chemismus der Muskelmaschine
	Gunther Lehmann, Dortmund	Physiologische Forschung als Voraussetzung der Bestgestaltung der menschlichen Arbeit
	Heinrich Kraut, Dortmund	Ernährung und Leistungsfähigkeit
4	Franz Wever, Düsseldorf	Aufgaben der Eisenforschung
	Hermann Schenck, Aachen	Entwicklungslinien des deutschen Eisenhüttenwesens
	Max Haas, Aachen	Die wirtschaftliche und technische Bedeutung der Leichtmetalle und ihre Entwicklungsmöglichkeiten
5	Walter Kikuth, Düsseldorf	Virusforschung
	Rolf Danneel, Bonn	Fortschritte der Krebsforschung
	Werner Schulemann, Bonn	Wirtschaftliche und organisatorische Gesichtspunkte für die Verbesserung unserer Hochschulforschung
6	Walter Weizel, Bonn	Die gegenwärtige Situation der Grundlagenforschung in der Physik
	Siegfried Strugger †, Münster	Das Duplikantenproblem in der Biologie
	Fritz Gummert †, Essen	Überlegungen zu den Faktoren Raum und Zeit im biologischen Geschehen und Möglichkeiten einer Nutzanwendung
7	August Götte, Aachen	Steinkohle als Rohstoff und Energiequelle
	Karl Ziegler, Mülheim (Ruhr)	Über Arbeiten des Max-Planck-Instituts für Kohlenforschung
	Wilhelm Fucks, Aachen	Die Naturwissenschaft, die Technik und der Mensch
	Walther Hoffmann, Münster	Wirtschaftliche und soziologische Probleme des technischen Fortschritts
9	Franz Bollenrath, Aachen	Zur Entwicklung warmfester Werkstoffe
	Heinrich Kaiser, Dortmund	Stand spektralanalytischer Prüfverfahren und Folgerung für deutsche Verhältnisse
10	Hans Braun, Bonn	Möglichkeiten und Grenzen der Resistenzzüchtung
	Carl Heinrich Dencker, Bonn	Der Weg der Landwirtschaft von der Energieautarkie zur Fremdenergie
11	Herwart Opitz, Aachen	Entwicklungslinien der Fertigungstechnik in der Metallbearbeitung
	Karl Krekeler, Aachen	Stand und Aussichten der schweißtechnischen Fertigungsverfahren
12	Hermann Rathert, W'tal-Elberfeld	Entwicklung auf dem Gebiet der Chemiefaser-Herstellung
	Wilhelm Weltzien †, Krefeld	Rohstoff und Veredlung in der Textilwirtschaft
13	Karl Herz, Frankfurt a. M.	Die technischen Entwicklungstendenzen im elektrischen Nachrichtenwesen
	Leo Brandt, Düsseldorf	Navigation und Luftsicherung
14	Burckhardt Helferich, Bonn	Stand der Enzymchemie und ihre Bedeutung
	Hugo Wilhelm Knipping, Köln	Ausschnitt aus der klinischen Carcinomforschung am Beispiel des Lungenkrebses

15	*Abraham Esau †, Aachen*	Ortung mit elektrischen u. Ultraschallwellen in Technik u. Natur
	Eugen Flegler, Aachen	Die ferromagnetischen Werkstoffe der Elektrotechnik und ihre neueste Entwicklung
16	*Rudolf Seyffert, Köln*	Die Problematik der Distribution
	Theodor Beste, Köln	Der Leistungslohn
17	*Friedrich Seewald, Aachen*	Die Flugtechnik und ihre Bedeutung für den allgemeinen technischen Fortschritt
	Edouard Houdremont †, Essen	Art und Organisation der Forschung in einem Industriekonzern
18	*Werner Schulemann, Bonn*	Theorie und Praxis pharmakologischer Forschung
	Wilhelm Groth, Bonn	Technische Verfahren zur Isotopentrennung
19	*Kurt Traenckner †, Essen*	Entwicklungstendenzen der Gaserzeugung
20	*M. Zvegintzov, London*	Wissenschaftliche Forschung und die Auswertung ihrer Ergebnisse Ziel und Tätigkeit der National Research Development Corporation
	Alexander King, London	Wissenschaft und internationale Beziehungen
21	*Robert Schwarz †, Aachen*	Wesen und Bedeutung der Siliciumchemie
	Kurt Alder †, Köln	Fortschritte in der Synthese der Kohlenstoffverbindungen
21 a	*Karl Arnold †*	Forschung an Rhein und Ruhr
	Otto Hahn, Göttingen	Die Bedeutung der Grundlagenforschung für die Wissenschaft
	Siegfried Strugger †, Münster	Die Erforschung des Wasser- und Nährsalztransportes im Pflanzenkörper mit Hilfe der fluoreszenzmikroskopischen Kinematographie
22	*Johannes von Allesch, Göttingen*	Die Bedeutung der Psychologie im öffentlichen Leben
	Otto Graf, Dortmund	Triebfedern menschlicher Leistung
23	*Bruno Kuske, Köln*	Zur Problematik der wirtschaftswissenschaftlichen Raumforschung
	Stephan Prager, Düsseldorf	Städtebau und Landesplanung
24	*Rolf Danneel, Bonn*	Über die Wirkungsweise der Erbfaktoren
	Kurt Herzog, Krefeld	Der Bewegungsbedarf der menschlichen Gliedmaßengelenke bei der Arbeit
25	*Otto Haxel, Heidelberg*	Energiegewinnung aus Kernprozessen
	Max Wolf, Düsseldorf	Gegenwartsprobleme der energiewirtschaftlichen Forschung
26	*Friedrich Becker, Bonn*	Ultrakurzwellenstrahlung aus dem Weltraum
	Hans Straßl, Münster	Bemerkenswerte Doppelsterne und das Problem der Sternentwicklung
27	*Heinrich Behnke, Münster*	Der Strukturwandel der Mathematik in der ersten Hälfte des 20. Jahrhunderts
	Emanuel Sperner, Hamburg	Eine mathematische Analyse der Luftdruckverteilungen in großen Gebieten
28	*Oskar Niemczyk †, Berlin*	Die Problematik gebirgsmechanischer Vorgänge im Steinkohlenbergbau
	Wilhelm Ahrens, Krefeld	Die Bedeutung geologischer Forschung für die Wirtschaft, besonders in Nordrhein-Westfalen
29	*Bernhard Rensch, Münster*	Das Problem der Residuen bei Lernvorgängen
	Hermann Fink, Köln	Über Leberschäden bei der Bestimmung des biologischen Wertes verschiedener Eiweiße von Mikroorganismen
30	*Friedrich Seewald, Aachen*	Forschungen auf dem Gebiet der Aerodynamik
	Karl Leist †, Aachen	Einige Forschungsarbeiten aus der Gasturbinentechnik
31	*Fritz Mietzsch †, Wuppertal*	Chemie und wirtschaftliche Bedeutung der Sulfonamide
	Gerhard Domagk †, Wuppertal	Die experimentellen Grundlagen der bakteriellen Infektionen
32	*Hans Braun, Bonn*	Die Verschleppung von Pflanzenkrankheiten und Schädlingen über die Welt
	Wilhelm Rudorf, Köln	Der Beitrag von Genetik und Züchtung zur Bekämpfung von Viruskrankheiten der Nutzpflanzen

33	*Volker Aschoff, Aachen*	Probleme der elektroakustischen Einkanalübertragung
	Herbert Döring, Aachen	Die Erzeugung und Verstärkung von Mikrowellen
34	*Rudolf Schenck, Aachen*	Bedingungen und Gang der Kohlenhydratsynthese im Licht
	Emil Lehnartz, Münster	Die Endstufen des Stoffabbaues im Organismus
34a	*Wilhelm Fucks, Aachen*	Mathematische Analyse von Sprachelementen, Sprachstil und Sprachen
35	*Hermann Schenck, Aachen*	Gegenwartsprobleme der Eisenindustrie in Deutschland
	Eugen Piwowarsky †, Aachen	Gelöste und ungelöste Probleme im Gießereiwesen
36	*Wolfgang Riezler †, Bonn*	Teilchenbeschleuniger
	Gerhard Schubert, Hamburg	Anwendungen neuer Strahlenquellen in der Krebstherapie
37	*Franz Lotze, Münster*	Probleme der Gebirgsbildung
38	*E. Colin Cherry, London*	Kybernetik. Die Beziehung zwischen Mensch und Maschine
	Erich Pietsch, Frankfurt	Dokumentation und mechanisches Gedächtnis – zur Frage der Ökonomie der geistigen Arbeit
39	*Abraham Esau †, Aachen*	Der Ultraschall und seine technischen Anwendungen
	Heinz Haase, Hamburg	Infrarot und seine technischen Anwendungen
40	*Fritz Lange, Bochum-Hordel*	Die wirtschaftliche und soziale Bedeutung der Silikose im Bergbau
	Walter Kikuth und Werner Schlipköter, Düsseldorf	Die Entstehung der Silikose und ihre Verhütungsmaßnahmen
40a	*Eberhard Gross, Bonn*	Berufskrebs und Krebsforschung
	Hugo Wilhelm Knipping, Köln	Die Situation der Krebsforschung vom Standpunkt der Klinik
41	*Gustav Victor Lachmann, London*	An einer neuen Entwicklungsschwelle im Flugzeugbau
	A. Gerber, Zürich-Oerlikon	Stand der Entwicklung der Raketen- und Lenktechnik
42	*Theodor Kraus, Köln*	Über Lokalisationsphänomene und Ordnungen im Raume
	Fritz Gummert †, Essen	Vom Ernährungsversuchsfeld der Kohlenstoffbiologischen Forschungsstation Essen
42a	*Gerhard Domagk †, Wuppertal*	Fortschritte auf dem Gebiet der experimentellen Krebsforschung
43	*Giovanni Lampariello, Rom*	Das Leben und das Werk von Heinrich Hertz
	Walter Weizel, Bonn	Das Problem der Kausalität in der Physik
43a	*José Ma Albareda, Madrid*	Die Entwicklung der Forschung in Spanien
44	*Burckhardt Helferich, Bonn*	Über Glykoside
	Fritz Micheel, Münster	Kohlenhydrat-Eiweißverbindungen und ihre biochemische Bedeutung
45	*John von Neumann †, Princeton*	Entwicklung und Ausnutzung neuerer mathematischer Maschinen
	Eduard Stiefel, Zürich	Rechenautomaten im Dienste der Technik
46	*Wilhelm Weltzien †, Krefeld*	Ausblick auf die Entwicklung synthetischer Fasern
	Walther G. Hoffmann, Münster	Wachstumsprobleme der Wirtschaft
47	*Leo Brandt, Düsseldorf*	Die praktische Förderung der Forschung in Nordrhein-Westfalen
	Ludwig Raiser, Tübingen	Die Förderung der angewandten Forschung durch die Deutsche Forschungsgemeinschaft
48	*Hermann Tromp, Rom*	Die Bestandsaufnahme der Wälder der Welt als internationale und wissenschaftliche Aufgabe
	Franz Heske, Hamburg	Die Wohlfahrtswirkungen des Waldes als internationales Problem
49	*Günther Böhnecke, Hamburg*	Zeitfragen der Ozeanographie
	Heinz Gabler, Hamburg	Nautische Technik und Schiffssicherheit
50	*Fritz A. F. Schmidt, Aachen*	Probleme der Selbstzündung und Verbrennung bei der Entwicklung der Hochleistungskraftmaschinen
	August Wilhelm Quick, Aachen	Ein Verfahren zur Untersuchung des Austauschvorganges in verwirbelten Strömungen hinter Körpern mit abgelöster Strömung
51	*Johannes Pätzold, Erlangen*	Therapeutische Anwendung mechanischer und elektrischer Energie

52	F. W. A. Patmore, London	Der Air Registration Board und seine Aufgaben im Dienste der britischen Flugzeugindustrie
	A. D. Young, London	Gestaltung der Lehrtätigkeit in der Luftfahrttechnik in Großbritannien
52a	C. Martin, London	Die Royal Society
	A. J. A. Roux, Südafrikanische Union	Probleme der wissenschaftlichen Forschung in der Südafrikanischen Union
53	Georg Schnadel, Hamburg	Forschungsaufgaben zur Untersuchung der Festigkeitsprobleme im Schiffsbau
	Wilhelm Sturtzel, Duisburg	Forschungsaufgaben zur Untersuchung der Widerstandsprobleme im See- und Binnenschiffbau
53a	Giovanni Lampariello, Rom	Von Galilei zu Einstein
54	Walter Dieminger, Lindau/Harz	Ionosphäre und drahtloser Weitverkehr
54a	John Cockcroft, F. R. S., Cambridge	Die friedliche Anwendung der Atomenergie
55	Fritz Schultz-Grunow, Aachen	Kriechen und Fließen hochzäher und plastischer Stoffe
	Hans Ebner, Aachen	Wege und Ziele der Festigkeitsforschung, insbesondere im Hinblick auf den Leichtbau
56	Ernst Derra, Düsseldorf	Der Entwicklungsstand der Herzchirurgie
	Gunther Lehmann, Dortmund	Muskelarbeit und Muskelermüdung in Theorie und Praxis
57	Theodor von Kármán †, Pasadena	Freiheit und Organisation in der Luftfahrtforschung
	Leo Brandt, Düsseldorf	Bericht über den Wiederbeginn deutscher Luftfahrtforschung
58	Fritz Schröter, Ulm	Neue Forschungs- und Entwicklungsrichtungen im Fernsehen
	Albert Narath, Berlin	Der gegenwärtige Stand der Filmtechnik
59	Richard Courant, New York	Die Bedeutung der modernen mathematischen Rechenmaschinen für mathematische Probleme der Hydrodynamik und Reaktortechnik
	Ernst Peschl, Bonn	Die Rolle der komplexen Zahlen in der Mathematik und die Bedeutung der komplexen Analysis
60	Wolfgang Flaig, Braunschweig	Zur Grundlagenforschung auf dem Gebiet des Humus und der Bodenfruchtbarkeit
	Eduard Mückenhausen, Bonn	Typologische Bodenentwicklung und Bodenfruchtbarkeit
61	Walter Georgii, München	Aerophysikalische Flugforschung
	Klaus Oswatitsch, Aachen	Gelöste und ungelöste Probleme der Gasdynamik
62	Adolf Butenandt, München	Über die Analyse der Erbfaktorenwirkung und ihre Bedeutung für biochemische Fragestellungen
63	Oskar Morgenstern, Princeton	Der theoretische Unterbau der Wirtschaftspolitik
64	Bernhard Rensch, Münster	Die stammesgeschichtliche Sonderstellung des Menschen
65	Wilhelm Tönnis, Köln	Die neuzeitliche Behandlung frischer Schädelhirnverletzungen
65a	Siegfried Strugger †, Münster	Die elektronenmikroskopische Darstellung der Feinstruktur des Protoplasmas mit Hilfe der Uranylmethode und die zukünftige Bedeutung dieser Methode für die Erforschung der Strahlenwirkung
66	Wilhelm Fucks, Gerd Schumacher und Andreas Scheidweiler, Aachen	Bildliche Darstellung der Verteilung und der Bewegung von radioaktiven Substanzen im Raum, insbesondere von biologischen Objekten (Physikalischer Teil)
	Hugo Wilhelm Knipping und Erich Liese, Köln	Bildgebung von Radioisotopenelementen im Raum bei bewegten Objekten (Herz, Lungen etc.) (Medizinischer Teil)
67	Friedrich Paneth †, Mainz	Die Bedeutung der Isotopenforschung für geochemische und kosmochemische Probleme
	J. Hans D. Jensen und H. A. Weidenmüller, Heidelberg	Die Nichterhaltung der Parität
67a	Francis Perrin, Paris	Die Verwendung der Atomenergie für industrielle Zwecke
68	Hans Lorenz, Berlin	Forschungsergebnisse auf dem Gebiete der Bodenmechanik als Wegbereiter für neue Gründungsverfahren
	Georg Garbotz, Aachen	Die Bedeutung der Baumaschinen- und Baubetriebsforschung für die Praxis

69	*Maurice Roy, Chatillon*	Luftfahrtforschung in Frankreich und ihre Perspektiven im Rahmen Europas
	Alexander Naumann, Aachen	Methoden und Ergebnisse der Windkanalforschung
69a	*Harry W. Melville, London*	Die Anwendung von radioaktiven Isotopen und hoher Energiestrahlung in der polymeren Chemie
70	*Eduard Justi, Braunschweig*	Elektrothermische Kühlung und Heizung. Grundlagen und Möglichkeiten
	Richard Vieweg, Braunschweig	Maß und Messen in Geschichte und Gegenwart
71	*Fritz Baade, Kiel*	Gesamtdeutschland und die Integration Europas
	Günther Schmölders, Köln	Ökonomische Verhaltensforschung
72	*Rudolf Wille, Berlin*	Modellvorstellungen zum Übergang Laminar-Turbulent
	Josef Meixner, Aachen	Neuere Entwicklung der Thermodynamik
73	*Ake Gustafsson, Diter v. Wettstein und Lars Ehrenberg, Stockholm*	Mutationsforschung und Züchtung
	Joseph Straub, Köln	Mutationsauslösung durch ionisierende Strahlung
74	*Martin Kersten, Aachen*	Neuere Versuche zur physikalischen Deutung technischer Magnetisierungsvorgänge
	Günther Leibfried, Aachen	Zur Theorie idealer Kristalle
75	*Wilhelm Klemm, Münster*	Neue Wertigkeitsstufen bei den Übergangselementen
	Helmut Zahn, Aachen	Die Wollforschung in Chemie und Physik von heute
76	*Henri Cartan, Paris*	Nicolas Bourbaki und die heutige Mathematik
76a	*Harald Cramér, Stockholm*	Aus der neueren mathematischen Wahrscheinlichkeitslehre
77	*Georg Melchers, Tübingen*	Die Bedeutung der Virusforschung für die moderne Genetik
	Alfred Kühn, Tübingen	Über die Wirkungsweise von Erbfaktoren
78	*Fréderic Ludwig, Paris*	Experimentelle Studien über die Distanzeffekte in bestrahlten vielzelligen Organismen
	A. H. W. Aten jr., Amsterdam	Die Anwendung radioaktiver Isotope in der chemischen Forschung
79	*Hans Herloff Inhoffen und Wilhelm Bartmann, Braunschweig*	Chemische Übergänge von Gallensäuren in cancerogene Stoffe und ihre möglichen Beziehungen zum Krebsproblem
	Rolf Danneel, Bonn	Entstehung, Funktion und Feinbau der Mitochondrien
80	*Max Born, Bad Pyrmont*	Der Realitätsbegriff in der Physik
81	*Joachim Wüstenberg, Gelsenkirchen*	Der gegenwärtige ärztliche Standpunkt zum Problem der Beeinflussung der Gesundheit durch Luftverunreinigungen
82	*Paul Schmidt, München*	Periodisch wiederholte Zündungen durch Stoßwellen
83	*Walter Kikuth, Düsseldorf*	Die Infektionskrankheiten im Spiegel historischer und neuzeitlicher Betrachtungen
84	*F. Rudolf Jung †, Aachen*	Die geodätische Erschließung Kanadas durch elektronische Entfernungsmessung
84a	*Hans-Ernst Schwiete, Aachen*	Ein zweites Steinzeitalter? – Gesteinshüttenkunde früher und heute
85	*Horst Rothe, Karlsruhe*	Der Molekularverstärker und seine Anwendung
	Roland Lindner, Göteborg	Atomkernforschung und Chemie, aktuelle Probleme
86	*Paul Denzel, Aachen*	Technische und wirtschaftliche Probleme der Energieumwandlung und -fortleitung
87	*Jean Capelle, Lyon*	Der Stand der Ingenieurausbildung in Frankreich
88	*Friedrich Panse, Düsseldorf*	Klinische Psychologie, ein psychiatrisches Bedürfnis
	Heinrich Kraut, Dortmund	Über die Deckung des Nährstoffbedarfs in Westdeutschland
89	*Wilhelm Bischof, Dortmund*	Materialprüfung – Praxis und Wissenschaft
90	*Edgar Rößger, Berlin*	Zur Analyse der auf angebotene tkm umgerechneten Verkehrsaufwendungen und Verkehrserträge im Luftverkehr
	Günther Ulbricht, Oberpfaffenhofen (Obb.)	Die Funknavigationsverfahren und ihre physikalischen Grenzen
91	*Franz Wever, Düsseldorf*	Das Schwert in Mythos und Handwerk
	Ernst Hermann Schulz, Dortmund	Über die Ergebnisse neuerer metallkundlicher Untersuchungen alter Eisenfunde und ihre Bedeutung für die Technik und die Archäologie

92	*Hermann Schenck, Aachen*	Wertung und Nutzung der wissenschaftlichen Arbeit am Beispiel des Eisenhüttenwesens
93	*Oskar Löbl, Essen*	Streitfragen bei der Kostenberechnung des Atomstroms
	Frederic de Hoffmann, San Diego (USA)	Ein neuer Weg zur Kostensenkung des Atomstroms. Das amerikanische Hochtemperaturprojekt (NTGR)
	Rudolf Schulten, Mannheim	Die Entwicklung des Hochtemperaturreaktors
94	*Gunther Lehmann, Dortmund*	Die Einwirkung des Lärms auf den Menschen
	Franz Josef Meister, Düsseldorf	Geräuschmessungen an Verkehrsflugzeugen und ihre hörpsychologische Bewertung
95	*Pierre Piganiol, Paris*	Probleme der Organisation der wissenschaftlichen Forschung
	Gaston Berger †, Paris	Die Akzeleration der Geschichte und ihre Folgen für die Erziehung
96	*Herwart Opitz, Aachen*	Technische und wirtschaftliche Aspekte der Automatisierung
	Joseph Mathieu, Aachen	Arbeitswissenschaftliche Aspekte der Automatisierung
97	*Stephan Prager, Düsseldorf*	Das deutsche Luftbildwesen
	Hugo Kasper, Heerbrugg (Schweiz)	Die Technik des Luftbildwesens
98	*Karl Oberdisse, Düsseldorf*	Aktuelle Probleme der Diabetesforschung
	H. D. Cremer, Gießen	Neue Gesichtspunkte zur Vitaminversorgung
99	*Hans Schwippert, Düsseldorf*	Über das Haus der Wissenschaften und die Arbeit des Architekten von heute
	Volker Aschoff, Aachen	Über die Planung großer Hörsäle
100	*Raymond Cheradame, Paris*	Aufgaben und Probleme des Instituts für Kohleforschung in Frankreich - Anforderungen an den wissenschaftlichen Nachwuchs in der Forschung und seine Ausbildung
	Marc Allard, St. Germain-en Laye	Das Institut für Eisenforschung in Frankreich und seine Probleme in der Eisenforschung
101	*Reimar Pohlmann, Aachen*	Die neuesten Ergebnisse der Ultraschallforschung in Anwendung und Ausblick auf die moderne Technik
	E. Ahrens, Kiel	Schall und Ultraschall in der Unterwassernachrichtentechnik
102	*Heinrich Hertel, Berlin*	Grundlagenforschung für Entwurf und Konstruktion von Flugzeugen
103	*Franz Ollendorff, Haifa*	Technische Erziehung in Israel
104	*Hans Ferdinand Mayer, München*	Interkontinentale Nachrichtenübertragung mittels moderner Tiefseekabel und Satellitenverbindungen
105	*Wilhelm Krelle, Bonn*	Gelöste und ungelöste Probleme der Unternehmensforschung
	Horst Albach, Bonn	Produktionsplanung auf der Grundlage technischer Verbrauchsfunktionen
106	*Lord Hailsham, London*	Staat und Wissenschaft in einer freien Gesellschaft
107	*Richard Courant, New York; Frederic de Hoffmann, San Diego; Charles King Campbell, New York; John W. Tuthill, Paris*	Forschung und Industrie in den USA - ihre internationale Verflechtung
108	*André Voisin, Frankreich*	Über die Verbindung der Gesundheit des modernen Menschen mit der Gesundheit des Bodens
	Hans Braun, Bonn	Standort und Pflanzengesundheit
109	*Alfred Neuhaus, Bonn*	Höchstdruck-Hochtemperatur-Synthesen, ihre Methoden und Ergebnisse
	Rudolf Tschesche, Bonn	Chemie und Genetik
110	*Uichi Hashimoto, Tokyo*	Ein geschichtlicher Rückblick auf die Erziehung und die wissenschaftstechnische Forschung in Japan von der Meiji-Restauration bis zur Gegenwart
111	*Sir Basil Schonland, Harwell*	Einige Gesichtspunkte über die friedlichen Verwendungsmöglichkeiten der Atomenergie

112	*Wilhelm Fucks, Aachen*	Über Arbeiten zur Hydromagnetik elektrisch leitender Flüssigkeiten, über Verdichtungsstöße und aus der Hochtemperaturplasmaphysik
	Hermann L. Jordan, Jülich	Erzeugung von Plasma hoher Temperatur durch magnetische Kompression
113	*Friedrich Becker, Bonn*	Vier Jahre Radioastronomie an der Universität Bonn
	Werner Ruppel, Rolandseck	Große Richtantennen
114	*Bernhard Rensch, Münster*	Gedächtnis, Abstraktion und Generalisation bei Tieren
115	*Hermann Flohn, Bonn*	Klimaschwankungen und großräumige Klimabeeinflussung
116	*Georg Hugel, Ville-D'Array*	Über Petrolchemie
117	*August Wilhelm Quick, Aachen*	Komponenten der Raumfahrt
	Georg Emil Knausenberger, Oberpfaffenhofen	Steuerung und Regelung in der Raumfahrttechnik
118	*Karl Steinbuch, Karlsruhe*	Über Kybernetik
	Wolf-Dieter Keidel, Erlangen	Kybernetische Systeme des menschlichen Organismus
119	*Walter Kikuth, Düsseldorf*	Die biologische Wirkung von staub- und gasförmigen Immissionen
	Franz Grosse-Brockhoff, Düsseldorf	Die Technik im Dienste moderner kardiologischer Diagnostik
120	*Milton Burton, Notre Dame, Ind., USA*	Energie-„Dissipation" in der Strahlenchemie
	Günther O. Schenck, Mülheim (Ruhr)	Mehrzentren-Termination
121	*Fritz Micheel, Münster*	Synthese von Polysacchariden
	Paul F. Pelshenke, Detmold	Neuere Ergebnisse der Getreide- und Brotforschung
122	*Karl Steimel, Frankfurt (Main)*	Der Standort der Industrieforschung in Forschung und Technik
	Fritz Machlup, Princeton (USA)	Die Produktivität der naturwissenschaftlichen und technischen Forschung und Entwicklung
123	*Wassily Leontief, Cambridge (USA)*	Die multiregionale Input-Output-Analyse
	Rolf Wagenführ, Brüssel	Die multiregionale Input-Output-Analyse im Rahmen der EWG: Statistisch-methodologische Probleme
124	*Otto Robert Frisch, Cambridge (England)*	Die Elementarteilchen der Physik
	Wilhelm Fucks, Aachen	Mathematische Analyse von Formalstrukturen von Werken der Musik
125	*Max Delbrück, Köln-Pasadena (USA)*	Über Vererbungschemie
126	*Helmut Winterhager, Aachen*	Vakuum-Metallurgie auf dem Gebiet der Nichteisen-Metalle
	Rudolf Spolders, Essen	Anwendung der Vakuumbehandlung bei der Stahlerzeugung
127	*Werner Nestel, Ulm (Donau)*	Grenzen und Aussichten des Nachrichtenverkehrs
	Wolfgang Haack, Berlin	Beobachtung des Luftraumes durch automatische Verarbeitung der Informationen von Rundsichtgeräten mittels digitaler Rechenautomaten
128	*Martin Schmeisser, Aachen*	Neue Ergebnisse der Halogen-Chemie
	Karl Ziegler, Mülheim-Ruhr	Aus den neueren Arbeiten des Max-Planck-Instituts für Kohlenforschung, Mülheim-Ruhr
129	*Sir Roger Makins, London*	Die Atomenergie im Vereinigten Königreich
	Sir John Cockcroft, London	Die wissenschaftlichen und technischen Leistungen von Hochfluß-Forschungsreaktoren
130	*Stefan Meiring Naudé, Pretoria (Südafrika)*	Der Südafrikanische Forschungsrat für Wissenschaft und Industrie
131	*William P. Allis, Paris*	Langfristige Planung und Aufgaben der Atlantischen Zusammenarbeit auf verschiedenen Gebieten in Naturwissenschaft und Technik

132	*August-Wilhelm Quick, Aachen*	Die Bedeutung eines deutschen Beitrages zur Weltraumfahrt
133	*Jean Dieudonné, Paris*	Die Lieschen Gruppen in der modernen Mathematik
	Claus Müller, Aachen	Mathematische Probleme der modernen Wellenoptik
134	*Louis Bugnard, Paris*	Aufbau und Aufgaben des Institut National d'Hygiène, Paris, im Dienst der medizinischen Forschung
135	*Fritz Burgbacher, Köln*	Die Energiesituation in der Bundesrepublik und die Zukunftsaussichten der Kohle
	Willi Ochel, Dortmund	Der Wandel in der Stahlerzeugung und die Auswirkungen auf die Wirtschaft unseres Landes
136	*George McGhee, Bad Godesberg*	Natürliche Hilfsquellen der Welt: Die Situation heute und in der Zukunft The World's Natural Resources Position: Present and Future
137	*Heinrich Mandel, Essen*	Die Entwicklung der Stromerzeugungsmöglichkeiten und das unternehmerische Wagnis der Elektrizitätswirtschaft
138	*Volker Aschoff, Aachen*	Über das räumliche Hören
	Jürgen Aschoff, Erling-Andechs	Biologische Periodik als selbsterregte Schwingung
139	*Pierre Auger, Paris*	Die wissenschaftliche Forschung als internationale Aufgabe
	Eugen M. Knoernschild, Porz-Wahn (Rhld.)	Die Bedeutung der Plasma-Antriebe in der Raumfahrt
140	*Heinrich Niehaus, Bonn*	Aktuelle Fragen der Agrarpolitik im Rahmen der europäischen Integration
	Joseph Straub, Köln-Vogelsan	Probleme der Pflanzenzüchtung im neuen Europa
141	*Pierre Jacquinot, Paris*	Das Centre National de la Recherche Scientifique
	André Maréchal, Paris	Organisation und Politik der wissenschaftlichen Forschung in Frankreich
142	*Rudolf Hillebrecht, Hannover*	Die Auswirkungen des wirtschaftlichen und sozialen Strukturwandels auf dem Städtebau
	Friedrich Tamms, Düsseldorf	Städtebau und Verkehr
143	*Otto Bayer, Leverkusen*	Die Rolle des Zufalls in der organischen Chemie
144	*Gunther Lehmann, Dortmund*	Die Arbeitsfähigkeit des Menschen im tropischen Klima
	Helmut I. Jusatz, Heidelberg	Die Bedeutung der Seuchenlage für die Entwicklung der Tropenländer
145	*Robert Gardellini, Paris*	Produktivität und französische Wirtschaft
	Hans H. Moll, Essen	Unterschiede in der Produktivität der Industrie-Wirtschaften in den verschiedenen Ländern und ihre Auswirkungen in den Volkswirtschaften aus der Sicht des Ingenieurs
146	*Heinz Goeschel, Erlangen*	Neue Entwicklungslinien in der Starkstromtechnik
147	*Edward Teller, Livermore (Californien)*	Die Situation der modernen Physik
149	*Herbert Döring, Aachen*	Theorie und Anwendung des Lasers

AGF-G　　　　　　　　　GEISTESWISSENSCHAFTEN
Heft Nr.

1	Werner Richter †, Bonn	Von der Bedeutung der Geisteswissenschaften für die Bildung unserer Zeit
	Joachim Ritter, Münster	Die Lehre vom Ursprung und Sinn der Theorie bei Aristoteles
2	Josef Kroll, Köln	Elysium
	Günther Jachmann, Köln	Die vierte Ekloge Vergils
3	Hans Erich Stier, Münster	Die klassische Demokratie
4	Werner Caskel, Köln	Lihyan und Lihyanisch. Sprache und Kultur eines früharabischen Königreiches
5	Thomas Ohm, O. S. B. †, Münster	Stammesreligionen im südlichen Tanganjika-Territorium
6	Georg Schreiber †, Münster	Deutsche Wissenschaftspolitiker von Bismarck bis zum Atomwissenschaftler Otto Hahn
7	Walter Holtzmann †, Bonn	Das mittelalterliche Imperium und die werdenden Nationen
8	Werner Caskel, Köln	Die Bedeutung der Beduinen in der Geschichte der Araber
9	Georg Schreiber †, Münster	Irland im deutschen und abendländischen Sakralraum
10	Peter Rassow †, Köln	Forschungen zur Reichs-Idee im 16. und 17. Jahrhundert
11	Hans Erich Stier, Münster	Roms Aufstieg zur Weltmacht und die griechische Welt
12	Karl Heinrich Rengstorf, Münster	Mann und Frau im Urchristentum
	Hermann Conrad, Bonn	Grundprobleme einer Reform des Familienrechtes
13	Max Braubach, Bonn	Der Weg zum 20. Juli 1944. Ein Forschungsbericht
15	Franz Steinbach, Bonn	Der geschichtliche Weg des wirtschaftenden Menschen in die soziale Freiheit und politische Verantwortung
16	Josef Koch, Köln	Die Ars coniecturalis des Nikolaus von Kues
17	James B. Conant, USA	Staatsbürger und Wissenschaftler
	Karl Heinrich Rengstorf, Münster	Antike und Christentum
19	Fritz Schalk, Köln	Das Lächerliche in der französischen Literatur des Ancien Régime
20	Ludwig Raiser, Tübingen	Rechtsfragen der Mitbestimmung
21	Martin Noth, Bonn	Das Geschichtsverständnis der alttestamentlichen Apokalyptik
22	Walter F. Schirmer, Bonn	Glück und Ende der Könige in Shakespeares Historien
23	Günther Jachmann, Köln	Der homerische Schiffskatalog und die Ilias (erschienen als wissenschaftliche Abhandlung)
24	Theodor Klauser, Bonn	Die römische Petrustradition im Lichte der neuen Ausgrabungen unter der Peterskirche
25	Hans Peters, Köln	Die Gewaltentrennung in moderner Sicht
28	Thomas Ohm, O. S. B. †, Münster	Die Religionen in Asien
29	Johann Leo Weisgerber, Bonn	Die Ordnung der Sprache im persönlichen und öffentlichen Leben
30	Werner Caskel, Köln	Entdeckungen in Arabien
31	Max Braubach, Bonn	Landesgeschichtliche Bestrebungen und historische Vereine im Rheinland
32	Fritz Schalk, Köln	Somnium und verwandte Wörter in den romanischen Sprachen
33	Friedrich Dessauer, Frankfurt	Reflexionen über Erbe und Zukunft des Abendlandes
34	Thomas Ohm, O. S. B. †, Münster	Ruhe und Frömmigkeit. Ein Beitrag zur Lehre von der Missionsmethode
35	Hermann Conrad, Bonn	Die mittelalterliche Besiedlung des deutschen Ostens und das Deutsche Recht
36	Hans Sckommodau, Köln	Die religiösen Dichtungen Margaretes von Navarra
37	Herbert von Einem, Bonn	Der Mainzer Kopf mit der Binde
38	Joseph Höffner, Münster	Statik und Dynamik in der scholastischen Wirtschaftsethik
39	Fritz Schalk, Köln	Diderots Essai über Claudius und Nero
40	Gerhard Kegel, Köln	Probleme des internationalen Enteignungs- und Währungsrechts
41	Johann Leo Weisgerber, Bonn	Die Grenzen der Schrift – Der Kern der Rechtschreibreform
43	Theodor Schieder, Köln	Die Probleme des Rapallo-Vertrags. Eine Studie über die deutsch-russischen Beziehungen 1922–1926
44	Andreas Rumpf, Köln	Stilphasen der spätantiken Kunst

45	*Ulrich Luck, Münster*	Kerygma und Tradition in der Hermeneutik Adolf Schlatter
46	*Walter Holtzmann †, Bonn*	Das deutsche historische Institut in Rom
	Graf Wolff Metternich, Rom	Die Bibliotheca Hertziana und der Palazzo Zuccari zu Rom
47	*Harry Westermann, Münster*	Person und Persönlichkeit als Wert im Zivilrecht
49	*Friedrich Karl Schumann †, Münster*	Mythos und Technik
52	*Hans J. Wolff, Münster*	Die Rechtsgestalt der Universität
53	*Josef Pieper, Münster*	Über den Philosophie-Begriff Platons
54	*Max Braubach, Bonn*	Der Einmarsch deutscher Truppen in die entmilitarisierte Zone am Rhein im März 1936. Ein Beitrag zur Vorgeschichte des zweiten Weltkrieges
55	*Herbert von Einem, Bonn*	Die „Menschwerdung Christi" des Isenheimer Altares
56	*Ernst Joseph Cohn, London*	Der englische Gerichtstag
57	*Albert Woopen, Aachen*	Die Zivilehe und der Grundsatz der Unauflöslichkeit der Ehe in der Entwicklung des italienischen Zivilrechts
58	*Parl Kerényi, Ascona*	Die Herkunft der Dionysosreligion nach dem heutigen Stand der Forschung
59	*Herbert Jankuhn, Göttingen*	Die Ausgrabungen in Haithabu und ihre Bedeutung für die Handelsgeschichte des frühen Mittelalters
60	*Stephan Skalweit, Bonn*	Edmund Burke und Frankreich
62	*Anton Moortgat, Berlin*	Archäologische Forschungen der Max-Freiherr-von-Oppenheim-Stiftung im nördlichen Mesopotamien 1955
63	*Joachim Ritter, Münster*	Hegel und die französische Revolution
66	*Werner Conze, Heidelberg*	Die Strukturgeschichte des technisch-industriellen Zeitalters als Aufgabe für Forschung und Unterricht
67	*Gerhard Hess, Bad Godesberg*	Zur Entstehung der „Maximen" La Rochefoucaulds
69	*Ernst Langlotz, Bonn*	Der triumphierende Perseus
70	*Geo Widengren, Uppsala*	Iranisch-semitische Kulturbegegnung in parthischer Zeit
71	*Josef M. Wintrich †, Karlsruhe*	Zur Problematik der Grundrechte
72	*Josef Pieper, Münster*	Über den Begriff der Tradition
73	*Walter F. Schirmer, Bonn*	Die frühen Darstellungen des Arthurstoffes
74	*William Lloyd Prosser, Berkeley*	Kausalzusammenhang und Fahrlässigkeit
75	*Johann Leo Weisgerber, Bonn*	Verschiebung in der sprachlichen Einschätzung von Menschen und Sachen (erschienen als wissenschaftliche Abhandlung)
76	*Walter H. Bruford, Cambridge*	Fürstin Gallitzin und Goethe. Das Selbstvervollkommnungsideal und seine Grenze
77	*Hermann Conrad, Bonn*	Die geistigen Grundlagen des Allgemeinen Landrechts für die preußischen Staaten von 1794
78	*Herbert von Einem, Bonn*	Asmus Jacob Carsten, Die Nacht mit ihren Kindern
79	*Paul Gieseke, Bad Godasser*	Eigentum und Grundwasser
80	*Werner Richter †, Bonn*	Wissenschaft und Geist in der Weimarer Republik
81	*Leo Weisgerber, Bonn*	Sprachenrecht und europäische Einheit
82	*Otto Kirchheimer, New York*	Gegenwartsprobleme der Asylgewährung
83	*Alexander Knur, Bad Godesberg*	Probleme der Zugewinngemeinschaft
84	*Helmut Coing, Frankfurt*	Die juristischen Auslegungsmethoden und die Lehren der allgemeinen Hermeneutik
85	*André George, Paris*	Der Humanismus und die Krise der Welt von heute
86	*Harald von Petrikovits, Bonn*	Das römische Rheinland. Archäologische Forschungen seit 1945
87	*Franz Steinbach, Bonn*	Ursprung und Wesen der Landgemeinde nach rheinischen Quellen
88	*Jost Trier, Münster*	Versuch über Flußnamen
89	*C. R. van Paassen, Amsterdam*	Platon in den Augen der Zeitgenossen
90	*Pietro Quaroni, Rom*	Die kulturelle Sendung Italiens
91	*Theodor Klauser, Bonn*	Christlicher Märtyrerkult, heidnischer Heroenkult und spätjüdische Heiligenverehrung
92	*Herbert von Eimen, Bonn*	Karl V. und Tizian
93	*Friedrich Merzbacher, München*	Die Bischofsstadt

94	Martin Noth, Bonn	Die Ursprünge des alten Israel im Licht neuer Quellen
95	Hermann Conrad, Bonn	Rechtsstaatliche Bestrebungen im Absolutismus Preußens und Österreichs am Ende des 18. Jahrhunderts
96	Helmut Schelsky, Münster	Der Mensch in der wissenschaftlichen Zivilisation
97	Joseph Höffner, Münster	Industrielle Revolution und religiöse Krise. Schwund und Wandel des religiösen Verhaltens in der modernen Gesellschaft
98	James Boyd, Oxford	Goethe und Shakespeare
99	Herbert von Einem, Bonn	Das Abendmahl des Leonardo da Vinci
100	Ferdinand Elsener, Tübingen	Notare und Stadtschreiber. Zur Geschichte des schweizerischen Notariats
102	Ahasver v. Brandt, Lübeck	Die Hanse und die nordischen Mächte im Mittelalter
103	Gerhard Kegel, Köln	Die Grenze von Qualifikation und Renvoi im internationalen Verjährungsrecht
104	Heinz-Dietrich Wendland, Münster	Der Begriff Christlich-sozial. Seine geschichtliche und theologische Problematik
105	Joh. Leo Weisgerber, Bonn	Grundformen sprachlicher Weltgestaltung
106	Herbert von Einem, Bonn	Das Stützengeschoß der Pisaner Domkanzel. Gedanken zum Alterswerk des Giovanni Pisano
107	Kurt Weitzmann, Princeton (USA)	Geistige Grundlagen und Wesen der Makedonischen Renaissance
108	Max Horkheimer, Frankfurt (Main)	Über das Vorurteil
109	Hans Peters, Köln	Das Recht auf die freie Entfaltung der Persönlichkeit in der höchstrichterlichen Rechtsprechung
110	Sir Edward Fellowes, K.C.B., C.M.G., M.C., London	Die Kontrolle der Exekutive durch das britische Unterhaus
111	Ludwig Raiser, Tübingen	Die Aufgaben des Wissenschaftsrates
112	Mario Montanari, Imola/Bologna (Italien)	Die geistigen Grundlagen des Risorgimento
113	Josef Pieper, Münster	Über das Phänomen des Festes
114	Werner Caskel, Köln	Der Felsendom und die Wallfahrt nach Jerusalem
115	Hubert Jedin, Bonn	Strukturprobleme der Ökumenischen Konzilien
116	Gerhard Hess, Bad Godesberg	Die Förderung der Forschung und die Geisteswissenschaften
117	Ludwig Voelkl, Rom	Die Kirchenstiftungen des Kaisers Konstantin im Lichte des römischen Sakralrechts
118	Walther Hubatsch, Bonn Percy Ernst Schramm, Göttingen	Die deutsche militärische Führung in der Kriegswende (Das Kulminationsjahr 1943 – Das Ende des Krieges)
119	Theodor Schieder, Köln	Der Nationalstaat in Europa als historisches Phänomen
120	Eleanor von Erdberg-Consten, Aachen	Kunst und Religion in Indien, China und Japan
121	Jean Daniélou, S. J., Paris	Das Judenchristentum und die Anfänge der Kirche
122	Franz Wieacker, Göttingen	Zum heutigen Stand der Naturrechtsdiskussion

AGF-WA WISSENSCHAFTLICHE ABHANDLUNGEN
Band Nr.

1	*Wolfgang Priester, Hans-Gerhard Bennewitz und Peter Lengrüßer, Bonn*	Radiobeobachtungen des ersten künstlichen Erdsatelliten
2	*Leo Weisgerber, Bonn*	Verschiebungen in der sprachlichen Einschätzung von Menschen und Sachen
3	*Erich Meuthen, Marburg*	Die letzten Jahre des Nikolaus von Kues
4	*Hans-Georg Kirchhoff, Rommerskirchen*	Die staatliche Sozialpolitik im Ruhrbergbau 1871–1914
	Günther Jachmann, Köln	Der homerische Schiffskatalog und die Ilias
	Peter Hartmann, Münster	Das Wort als Name (Struktur, Konstitution und Leistung der benennenden Bestimmung)
	Anton Moortgat, Berlin	Archäologische Forschungen der Max-Freiherr-von-Oppenheim-Stiftung im nördlichen Mesopotamien 1956
	Wolfgang Priester und Gerhard Hergenhahn, Bonn	Bahnbestimmung von Erdsatelliten aus Doppler-Effekt-Messungen
9	*Harry Westermann, Münster*	Welche gesetzlichen Maßnahmen zur Luftreinhaltung und zur Verbesserung des Nachbarrechts sind erforderlich?
10	*Hermann Conrad und Gerd Kleinheyer, Bonn*	Carl Gottlieb Svarez (1746–1798) – Vorträge über Recht und Staat
11	*Georg Schreiber †, Münster*	Die Wochentage im Erlebnis der Ostkirche und des christlichen Abendlandes
12	*Günther Bandmann, Bonn*	Melancholie und Musik. Ikonographische Studien
13	*Wilhelm Goerdt, Münster*	Fragen der Philosophie. Ein Materialbeitrag zur Erforschung der Sowjetphilosophie im Spiegel der Zeitschrift „Voprosy Filosofii" 1947–1956
14	*Anton Moortgat, Berlin*	Tell Chuēra in Nordost-Syrien. Vorläufiger Bericht über die Grabung 1958
15	*Gerd Dicke, Krefeld*	Der Identitätsgedanke bei Feuerbach und Marx
16a	*Helmut Gipper, Bonn, und Hans Schwarz, Münster*	Bibliographisches Handbuch zur Sprachinhaltsforschung, Teil I (Erscheint in Lieferungen)
17	*Thea Buyken, Bonn*	Das römische Recht in den Constitutionen von Melfi
18	*Lee E. Farr, Brookhaven, Hugo Wilhelm Knipping, Köln, und William H. Lewis, New York*	Nuklearmedizin in der Klinik. Symposion in Köln und Jülich unter besonderer Berücksichtigung der Krebs- und Kreislaufkrankheiten
19	*Hans Schwippert, Düsseldorf Volker Aschoff, Aachen, u. a.*	Das Karl-Arnold-Haus. Haus der Wissenschaften der AGF des Landes Nordrhein-Westfalen in Düsseldorf. Planungs- und Bauberichte (Herausgegeben von Leo Brandt, Düsseldorf)
20	*Theodor Schieder, Köln*	Das deutsche Kaiserreich von 1871 als Nationalstaat
21	*Georg Schreiber †, Münster*	Der Bergbau in Geschichte, Ethos und Sakralkultur
22	*Max Braubach, Bonn*	Die Geheimdiplomatie des Prinzen Eugen von Savoyen
23	*Walter F. Schirmer, Bonn, und Ulrich Broich, Göttingen*	Studien zum Literarischen Patronat im England des 12. Jahrhunderts
24	*Anton Moortgat, Berlin*	Tell Chuera in Nordost-Syrien. Vorläufiger Bericht über die dritte Grabungskampagne 1960
26	*Vilho Niitemaa, Turku, Pentti Renvall, Helsinki, Erich Kunze, Helsinki, und Oscar Nikula, Åbo*	Finnland – gestern und heute
27	*Ahasver von Brandt, Heidelberg Paul Johansen, Hamburg Hans van Werveke, Gent Kjell Kumlien, Stockholm Hermann Kellenbenz, Köln*	Die Deutsche Hanse als Mittler zwischen Ost und West

28	*Hermann Conrad, Gerd Kleinheyer, Thea Buyken und Martin Herold, Bonn*	Recht und Verfassung des Reiches in der Zeit Maria Theresias
29	*Erich Dinkler, Heidelberg*	Das Apsismosaik von S. Apollinare in Classe
30	*Hermann Conrad, Bonn Walther Hubatsch, Bonn Bernhard Stasiewski, Bonn Reinhard Wittram, Göttingen Ludwig Petry, Mainz und Erich Keyser, Marburg/Lahn*	Deutsche Universitäten und Hochschulen im Osten
31	*Anton Moortgat, Berlin*	Tell Chuēra in Nordost-Syrien Bericht, über die vierte Grabungskampagne 1963

Sonderreihe
PAPYROLOGICA COLONIENSIA

Vol. I	Der Psalmenkommentar von Tura, Quaternio IX
Aloys Kehl	(Pap. Colon. Theol. 1)

SONDERVERÖFFENTLICHUNGEN

Aufgaben Deutscher Forschung, zusammengestellt und herausgegeben von *Leo Brandt*
Band 1 Geisteswissenschaften · Band 2 Naturwissenschaften
Band 3 Technik · Band 4 Tabellarische Übersicht zu den
Bänden 1–3

Festschrift der Arbeitsgemeinschaft für Forschung des Landes Nordrhein-Westfalen zu Ehren des Herrn Ministerpräsidenten *Karl Arnold* anläßlich des fünfjährigen Bestehens am 5. Mai 1955

Jahrbuch 1963 des Landesamtes für Forschung
Herausgeber: Der Ministerpräsident des Landes Nordrhein-Westfalen — Landesamt für Forschung —

Jahrbuch 1964 des Landesamtes für Forschung
Herausgeber: Der Ministerpräsident des Landes Nordrhein-Westfalen — Landesamt für Forschung —

MIX
Papier aus verantwortungsvollen Quellen
Paper from responsible sources
FSC® C105338

If you have any concerns about our products,
you can contact us on
ProductSafety@springernature.com

In case Publisher is established outside the EU,
the EU authorized representative is:
**Springer Nature Customer Service Center GmbH
Europaplatz 3, 69115 Heidelberg, Germany**

Printed by Libri Plureos GmbH
in Hamburg, Germany